高压下硅化物材料的结构预测和物性研究

王晶晶 著

北京邮电大学出版社
www.buptpress.com

内 容 简 介

本书围绕高压条件下过渡金属硅化物及轻元素亚稳化合物的结构、稳定性与物性展开系统研究。本书运用基于粒子群优化算法的晶体结构预测技术与第一性原理计算方法，深入探索了这些材料在高压条件下的结构特点、电子性质、力学性质以及超导电性等关键物理特性。研究旨在揭示高压对材料微观结构和宏观性能的调控机制，不仅拓展了人们对硅化物材料在极端条件下物性的认知边界，而且为设计开发新型超硬材料、高温超导材料，以及理解地球深部物质组成提供了重要的科学依据和理论指导。

图书在版编目（CIP）数据

高压下硅化物材料的结构预测和物性研究 / 王晶晶著. -- 北京 : 北京邮电大学出版社, 2025. -- ISBN 978-7-5635-7667-8

I. O613.72

中国国家版本馆 CIP 数据核字第 2025T0297U 号

责任编辑：王晓丹　杨玉瑶　　责任校对：张会良	封面设计：七星博纳

出版发行：北京邮电大学出版社
社　　址：北京市海淀区西土城路 10 号
邮政编码：100876
发 行 部：电话：010-62282185　　传真：010-62283578
E-mail：publish@bupt.edu.cn
经　　销：各地新华书店
印　　刷：保定市中画美凯印刷有限公司
开　　本：787 mm×1 092 mm　1/16
印　　张：8
字　　数：155 千字
版　　次：2025 年 9 月第 1 版
印　　次：2025 年 9 月第 1 次印刷

ISBN 978-7-5635-7667-8　　　　　　　　　　　　　　　　定价：59.00 元

· 如有印装质量问题，请与北京邮电大学出版社发行部联系 ·

前　言

　　过渡金属硅化物是一种具有高硬度、高熔点、低电阻率、抗热腐蚀性和抗氧化性等优异性能的金属间化合物,被广泛应用于电热元件、集成电路和高温抗氧化涂层等领域。轻元素亚稳化合物因其优异和丰富的物理性质,而在超硬材料、超导材料、储氢材料和高能量密度材料等材料的制备中有着举足轻重的地位。本书通过理论计算,研究了过渡金属硅化物 Rh_xSi_y 的结构特点、弹性性质、电子性质和硬度,为人们开拓过渡金属硅化物的应用提供理论指导;研究了轻元素亚稳化合物 Si_3B 的结构特征、稳定性、电子性质、超导电性和硬度,为新型兼具超导和硬度特性材料的实验研究与应用提供重要的理论基础。

　　本书研究内容如下。

　　第一,本书利用第一性原理计算方法,研究了高压下 RhSi 的结构相变、弹性性质和硬度等物理性质。结果表明:在压强达到 5.59 GPa 时,RhSi 发生从正交 B31 相到立方 B20 相的结构相变。根据力学稳定性判据可知,在给定压力范围内,B31 相和 B20 相都是力学稳定的。在压力作用下,B31 相和 B20 相的弹性常数、弹性模量和德拜温度都随压力的增大而增大。从电子态密度来看,零压和高压下的 B31 相和 B20 相都具有金属性并伴随着强的共价键。根据高发明硬度模型,我们对零压下 B31 相和 B20 相的硬度值进行了计算,计算结果表明:零压下 RhSi 的 B20 相是一个潜在的硬质材料。

　　第二,本书采用 CALYPSO 晶体结构预测结合第一性原理计算方法,探测了不同配比的 Rh—Si 化合物,并系统地研究了 Rh—Si 体系的结构相变、弹性性质、电子性质以及硬度。结果表明:在 Rh—Si 化合物中,Rh_2Si (*Pnma*)、Rh_5Si_3 (*Pbam*)、RhSi (*Pnma*)和 Rh_4Si_5 ($P2_1/m$)是可以实验合成的,Rh_2Si (*Pnma*)、Rh_5Si_3 (*Pbam*)、RhSi (*Pnma*)和 Rh_4Si_5 ($P2_1/m$)是动力学稳定和力学稳定的。同时,这些化合物的 B/G 均大于 1.75,表明它们具有良好的延展性。根据电子性质分析可知,它们都具有金属性,且存在强共价键。硬度的计算结果表明:Rh—Si 化合物的硬度会随着 Si 含量的增加而增大。此外,Rh_4Si_5 ($P2_1/m$)有较大的剪切模量和杨氏模量,较小的 B/G 和泊松比 v,其维氏硬度为 20.1 GPa,是一个典型的硬质材料。

第三，本书通过结合晶体结构搜索算法与第一性原理计算，系统探索了镍硅化合物在 0~350 GPa（对应地球内核压强）下的稳定结构、电子性质及地球物理相关性。我们首次预测出在 350 GPa 下两种高镍含量的稳定化合物 Ni_3Si（$Cmmm$）和 Ni_6Si（R-3），其中硅原子以 12 配位形式嵌入镍原子构成的 $SiNi_{12}$ 笼状结构多面体。通过 Bader 电荷分析发现，在 Ni—Si 化合物中，电荷从 Si 转移至 Ni（传统认知中金属向非金属转移电荷的现象被逆转），这一现象源于 Ni $3d$ 轨道与 Si $3p$ 轨道的能级偏移。此外，计算表明，Ni_3Si 和 Ni_6Si 的密度（13.7~13.9 g/cm³）与地球内核密度（9.7~14.1 g/cm³）高度匹配，其纵波速度（V_p=10.3~11.1 km/s）和横波速度（V_s=5.4~5.6 km/s）也与地震波模型一致。该结果为它们是地球内核的可能成分这一猜想提供支持。本书展示了该计算方法在极端条件材料研究中的高效性，为探索其他行星内核成分（如火星、金星）提供范式。

第四，本书利用粒子群优化算法结合密度泛函理论的第一性原理计算，搜索了 Si_3B 化合物在 0~200 GPa 压强范围内可能存在的稳定结构。结果表明：高压下 Si_3B 的相变过程为 $P3_121 \rightarrow C2/m \rightarrow P2_1/m$，相变压强分别为 30 GPa 和 64 GPa。零压下 Si_3B 的形成焓值显示其热力学是不稳定的，但在 25 GPa 以上压力下，形成焓、弹性常数和声子谱的计算结果显示，$P3_121$ 结构、$C2/m$ 结构和 $P2_1/m$ 结构的 Si_3B 都是热力学、力学和动力学稳定的。从能带、态密度和电子局域密度泛函分析可知，它们都具有金属性。由电子能带可知，高压下，$C2/m$ 结构和 $P2_1/m$ 结构具有超导电性。50 GPa 下，$C2/m$ 结构的超导临界温度为 3.64 K；100 GPa 下，$P2_1/m$ 结构的超导临界温度为 5.69 K。此外，利用高发明、李克艳和 Šimůnek 3 种硬度模型，我们计算了 $C2/m$ 结构和 $P2_1/m$ 结构的硬度，计算结果显示 Si_3B 的 $P2_1/m$ 结构是一个较好的高硬质材料。

第五，本书运用基于粒子群优化算法的 CALYPSO 晶体结构预测方法，在 101.325 kPa 到 200 GPa 压强范围内对 Si_3N_4 晶体结构进行预测，之后采用基于密度泛函理论框架进行第一性原理计算。首先，计算结果确定了 Si_3N_4 在 0~200 GPa 压强范围内的相变过程为 β-$Si_3N_4 \rightarrow c$-$Si_3N_4 \rightarrow P21/c$-$Si_3N_4$，相变压强分别为 11.7 GPa 和 144.6 GPa；其次，声子谱的计算结果验证了 β-Si_3N_4、c-Si_3N_4 和 $P21/c$-Si_3N_4 的动力学稳定性，本书通过计算弹性常数，结合力学稳定性判据判断出它们均满足力学稳定条件；再次，本书采用 GGA 泛函和 HSE 杂化泛函计算电子能带结构，分析带隙、价带和导带的组成，N 原子和 Si 原子之间的杂化情况，以及计算电子局域密度泛函和 Bader 电荷转移情况，研究化学成键特征；最后，通过计算 3 种结构的拉伸应力-应变曲线，本书分析了晶体结构对断裂模式与强度极限的影响。

目　录

第 1 章　绪论 ··· 1

　1.1　高压物理背景 ·· 1

　　　1.1.1　高压科学 ·· 1

　　　1.1.2　高压计算物理 ··· 5

　1.2　物质的结构与性能 ·· 7

　1.3　硅化物的研究现状与应用 ···································· 9

第 2 章　理论方法 ··· 12

　2.1　密度泛函理论 ·· 12

　　　2.1.1　Thomas-Fermi 模型 ···································· 12

　　　2.1.2　Hohenberg-Kohn 定理 ································ 13

　　　2.1.3　Kohn-Sham 方程 ·· 13

　　　2.1.4　交换关联函数 ·· 14

　2.2　第一性原理计算 ·· 14

　　　2.2.1　赝势方法 ··· 15

　　　2.2.2　晶格动力学 ··· 16

　2.3　晶体结构预测 ·· 18

　　　2.3.1　粒子群优化算法 ·· 18

　　　2.3.2　CALYPSO 软件包 ······································ 20

　2.4　量化软件包简介 ·· 22

第 3 章　Rh—Si 体系的结构和物性 ······························ 24

　3.1　研究背景 ·· 24

　3.2　计算方法 ·· 26

　3.3　结果与讨论 ·· 28

3.3.1　Rh—Si 体系的结构特点⋯⋯⋯⋯⋯⋯⋯⋯⋯⋯⋯⋯⋯⋯⋯⋯ 28
3.3.2　Rh—Si 体系的稳定性和弹性性质⋯⋯⋯⋯⋯⋯⋯⋯⋯⋯⋯ 32
3.3.3　Rh—Si 体系的电子性质⋯⋯⋯⋯⋯⋯⋯⋯⋯⋯⋯⋯⋯⋯⋯ 37
3.3.4　Rh—Si 体系的硬度⋯⋯⋯⋯⋯⋯⋯⋯⋯⋯⋯⋯⋯⋯⋯⋯⋯ 39
本章小结⋯⋯⋯⋯⋯⋯⋯⋯⋯⋯⋯⋯⋯⋯⋯⋯⋯⋯⋯⋯⋯⋯⋯⋯⋯⋯ 40

第 4 章　高压下 RhSi 的结构和物性⋯⋯⋯⋯⋯⋯⋯⋯⋯⋯⋯⋯⋯⋯⋯⋯ 42
4.1　研究背景⋯⋯⋯⋯⋯⋯⋯⋯⋯⋯⋯⋯⋯⋯⋯⋯⋯⋯⋯⋯⋯⋯⋯⋯ 42
4.2　计算方法⋯⋯⋯⋯⋯⋯⋯⋯⋯⋯⋯⋯⋯⋯⋯⋯⋯⋯⋯⋯⋯⋯⋯⋯ 44
4.3　结果与讨论⋯⋯⋯⋯⋯⋯⋯⋯⋯⋯⋯⋯⋯⋯⋯⋯⋯⋯⋯⋯⋯⋯⋯ 44
4.3.1　高压下 RhSi 的结构特点⋯⋯⋯⋯⋯⋯⋯⋯⋯⋯⋯⋯⋯⋯⋯ 44
4.3.2　高压下 RhSi 的稳定性⋯⋯⋯⋯⋯⋯⋯⋯⋯⋯⋯⋯⋯⋯⋯⋯ 45
4.3.3　高压下 RhSi 的弹性性质⋯⋯⋯⋯⋯⋯⋯⋯⋯⋯⋯⋯⋯⋯⋯ 46
4.3.4　高压下 RhSi 的电子性质⋯⋯⋯⋯⋯⋯⋯⋯⋯⋯⋯⋯⋯⋯⋯ 49
4.3.5　高压下 RhSi 的硬度⋯⋯⋯⋯⋯⋯⋯⋯⋯⋯⋯⋯⋯⋯⋯⋯⋯ 50
本章小结⋯⋯⋯⋯⋯⋯⋯⋯⋯⋯⋯⋯⋯⋯⋯⋯⋯⋯⋯⋯⋯⋯⋯⋯⋯⋯ 51

第 5 章　地核压力下镍硅化合物的结构和物性⋯⋯⋯⋯⋯⋯⋯⋯⋯⋯⋯ 52
5.1　研究背景⋯⋯⋯⋯⋯⋯⋯⋯⋯⋯⋯⋯⋯⋯⋯⋯⋯⋯⋯⋯⋯⋯⋯⋯ 52
5.2　计算方法⋯⋯⋯⋯⋯⋯⋯⋯⋯⋯⋯⋯⋯⋯⋯⋯⋯⋯⋯⋯⋯⋯⋯⋯ 54
5.3　结果与讨论⋯⋯⋯⋯⋯⋯⋯⋯⋯⋯⋯⋯⋯⋯⋯⋯⋯⋯⋯⋯⋯⋯⋯ 55
5.3.1　地核压力下镍硅化合物的结构特点⋯⋯⋯⋯⋯⋯⋯⋯⋯⋯⋯ 55
5.3.2　地核压力下镍硅化合物的稳定性⋯⋯⋯⋯⋯⋯⋯⋯⋯⋯⋯⋯ 56
5.3.3　地核压力下镍硅化合物的电子性质⋯⋯⋯⋯⋯⋯⋯⋯⋯⋯⋯ 58
5.3.4　地核压力下镍硅化合物的声速度各向异性⋯⋯⋯⋯⋯⋯⋯⋯ 60
本章小结⋯⋯⋯⋯⋯⋯⋯⋯⋯⋯⋯⋯⋯⋯⋯⋯⋯⋯⋯⋯⋯⋯⋯⋯⋯⋯ 62

第 6 章　高压下 Si_3B 的结构和物性⋯⋯⋯⋯⋯⋯⋯⋯⋯⋯⋯⋯⋯⋯⋯⋯ 63
6.1　研究背景⋯⋯⋯⋯⋯⋯⋯⋯⋯⋯⋯⋯⋯⋯⋯⋯⋯⋯⋯⋯⋯⋯⋯⋯ 63
6.2　计算方法⋯⋯⋯⋯⋯⋯⋯⋯⋯⋯⋯⋯⋯⋯⋯⋯⋯⋯⋯⋯⋯⋯⋯⋯ 64
6.3　结果与讨论⋯⋯⋯⋯⋯⋯⋯⋯⋯⋯⋯⋯⋯⋯⋯⋯⋯⋯⋯⋯⋯⋯⋯ 65
6.3.1　高压下 Si_3B 的结构特点⋯⋯⋯⋯⋯⋯⋯⋯⋯⋯⋯⋯⋯⋯⋯ 65
6.3.2　高压下 Si_3B 的动力学和力学稳定性⋯⋯⋯⋯⋯⋯⋯⋯⋯⋯ 68

  6.3.3 高压下 Si_3B 的电子性质 ··· 70
  6.3.4 高压下 Si_3B 的硬度 ··· 72
  6.3.5 高压下 Si_3B 的超导电性 ··· 77
 本章小结 ·· 78

第7章 高压下 Si_3N_4 的结构和物性 ··· 79
 7.1 研究背景 ··· 79
 7.2 计算方法 ··· 81
 7.3 结果与讨论 ··· 82
  7.3.1 高压下 Si_3N_4 的结构特点 ··· 82
  7.3.2 高压下 Si_3N_4 的动力学和力学稳定性 ································· 85
  7.3.3 高压下 Si_3N_4 的电子性质 ··· 88
  7.3.4 高压下 Si_3N_4 的拉伸强度 ··· 90
 本章小结 ·· 91

第8章 总结与展望 ·· 92
 8.1 总结 ··· 92
 8.2 展望 ··· 94

参考文献 ··· 95

第 1 章　绪　　论

高压环境作为探索物质行为的一种极端条件,为揭示材料在极限状态下的物理与化学规律提供了独特的研究窗口。自然界中,从地球内部地核(压强达数百吉帕)到中子星内部(压强高达数百亿吉帕),高压是物质存在的普遍形态,其通过压缩原子间距,重构电子轨道与晶格对称性,诱导物质发生结构相变、电子态重构乃至引发新奇量子态(如超导、超硬相)。这种极端条件下的研究不仅是对常规物性规律的延伸,更是理解天体演化、行星内部动力学及宇宙物质组成的关键途径。在实验科学领域,高压技术(如金刚石对顶砧、动态冲击压缩)的突破使得实验室模拟天体高压环境成为可能,推动了凝聚态物理、材料科学与地球科学的深度融合。例如,高压下硅酸盐矿物的相变研究揭示了地球地幔的物质循环机制,而氢的金属化实验则为类木行星内部能量传输模型提供了实验依据。与此同时,高压诱导的新材料合成(如高温超导氢化物、超硬氮化碳)不断刷新人类对物质性能极限的认知,为能源、信息等领域的颠覆性技术奠定基础。本书主要聚焦高压下物质的结构相变与电子性质演化,以硅化物材料为模型体系,旨在揭示极端压缩条件下硅化物材料的结构相变和相应的物理性质。通过高压调控结构相变与电荷分布,材料可突破常压下硬度的限制,故本书为超硬材料的设计提供新范式;同时,结合原位高压表征技术(如同步辐射 X 射线衍射、输运测量)与理论计算,本书将系统阐明压力-结构-电子性质的动态关联,推动高压界面物理这一新兴交叉学科的发展。这一研究不仅拓展了高压科学的理论边界,也为量子材料、行星科学及能源技术提供了重要的实验与理论支撑。

1.1　高压物理背景

1.1.1　高压科学

高压科学作为凝聚态物理研究的重要分支,通过构建极端压力环境为揭示物质本征行为提供了独特的研究维度[1]。其核心在于利用压力这一基本热力学变量，突破常压条件下物质结构的本征限制，从而在新型材料发现、量子态调控、强关联体系解析及地球与行星科学等领域展现出不可替代的研究价值[2]。从基础物性探索到功能材料工程化设计，高压科学不仅重塑了传统凝聚态体系的认知范式，更催生了诸多突破性技术应用，其研究维度已拓展至化学合成、能源材料、行星物理等交叉领域。

在高压诱导的晶格压缩效应下，原子间距的显著减小导致电子轨道杂化增强，引发晶体场对称性破缺与电子结构重组[3]。以金刚石压砧（DAC）为核心的高压产生技术（图1-1）结合同步辐射X射线源与激光加热系统，已实现超百万大气压（大于300 GPa）与数千开尔文的极端温压条件[4]，此类极端环境可颠覆传统材料的基态相稳定性。例如，硅在常压下以金刚石结构（$Fd\text{-}3m$）存在，但在大于15 GPa压强下发生β-锡结构（$I4_1/amd$）相变〔图1-2(a)〕，该高压相经淬火处理后可在常压下保持亚稳态，其载流子迁移率提升达两个数量级，为后摩尔时代半导体器件设计提供了新思路[5]。更具里程碑意义的是金属氢的探索：随着压力和温度的变化，氢在极端条件下的晶体结构也会随之发生不同的相变，如图1-2(b)所示。理论预测在约500 GPa静水压下，氢将经历电子拓扑相变（ETT）形成金属氢，此时其兼具室温超导与高能量密度特性[6]。尽管实验验证仍面临技术挑战，但是氢化物体系（如H_3S、LaH_{10}）在高压下已实现200 K以上的超导临界温度〔图1-2(c)〕，这些发现不仅拓展了BCS理论的适用边界，更揭示了强电子-声子耦合与非谐效应在高温超导中的关键作用[7]。

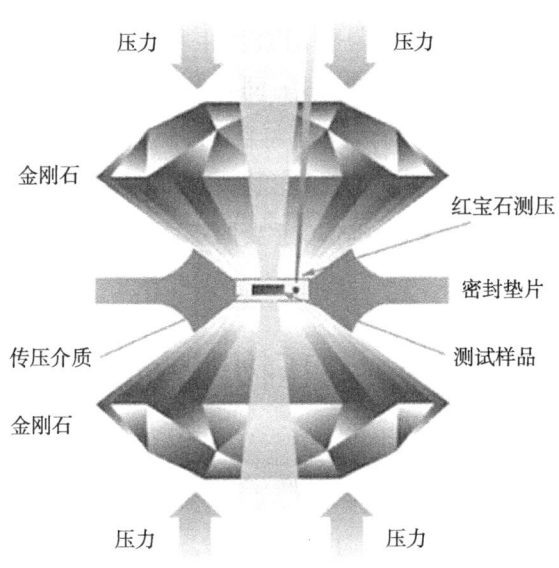

图1-1 金刚石压砧示意图

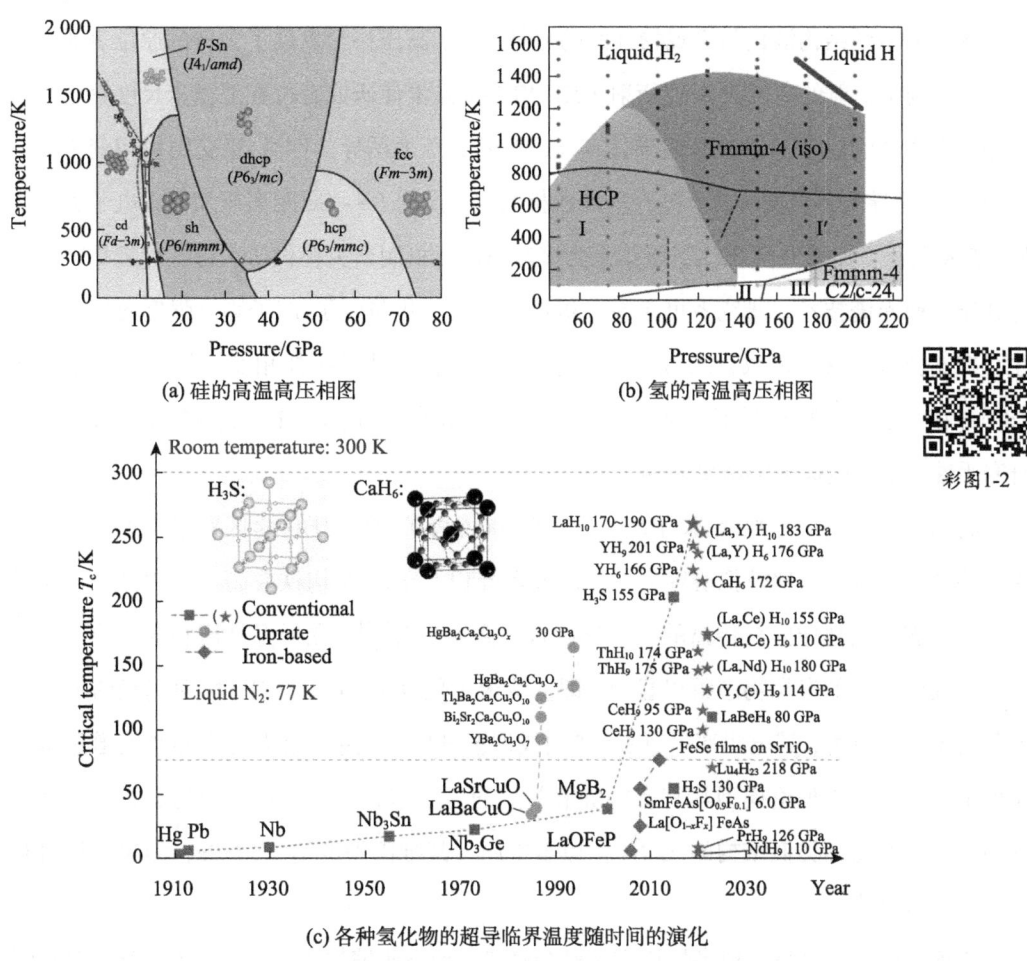

(a) 硅的高温高压相图

(b) 氢的高温高压相图

(c) 各种氢化物的超导临界温度随时间的演化

图 1-2　硅和氢的高温高压相图及氢化物超导临界温度随时间的演化

相较于传统化学掺杂或外延应变等调控手段，高压对材料性能的调制展现更强的非破坏性与可逆性。以强关联电子体系中的 Mott 绝缘体为例，压力通过压缩晶格可有效调控 Hubbard 参数 U/W（在位库仑能与带宽比值）。当 U/W 小于 1 时，系统将经历绝缘体-金属相变。在 V_2O_3 体系中，4 GPa 压强即可诱导电阻率骤降 7 个量级，该压强驱动的 Mott 相变为新型量子器件设计提供了物理原型[8]。在二维材料体系，压力可精准调控石墨烯的电子能带结构：10 GPa 静水压可使 AB 堆垛双层石墨烯的层间耦合增强，诱导出约 0.5 eV 的可调带隙，这种"应力工程"为开发可重构太赫兹光电器件开辟了新途径[9]。在磁性材料领域，高压可通过改变晶体场分裂能调控磁各向异性，如 Fe_4N 在 5 GPa 压强下磁晶各向异性能（MAE）提升至常压的 3 倍，该效应为高密度磁存储介质设计提供了新方案[10]。

为建立微观结构演化与宏观物性间的定量关联,高压科学发展了独特的原位表征方法学。基于同步辐射的高压 X 射线衍射(HP-XRD)技术使研究者可在亚微米尺度解析材料的晶格动力学响应[11]。以铁基超导体 FeSe 为例,压力诱导的四方-正交结构相变(大于 6 GPa)与超导临界温度(T_c)提升呈现强相关性:层间 Se—Se 距离压缩导致电子关联增强,T_c 从常压 8 K 跃升至 37 K,该结果为多轨道超导机制研究提供了关键实验证据[12]。结合高压拉曼光谱技术,研究者可定量分析声子模式软化与电子-声子耦合强度的压力依赖性。在拓扑量子材料领域,压力可打破特定晶体对称性诱导拓扑相变,如 Dirac 半金属 Cd_3As_2 在大于 4 GPa 压强下发生空间反演对称性破缺,实现 Weyl 节点对的受控分离,为研究手性反常效应提供了理想平台[13]。

将研究边界推向地核级极端条件(大于 300 GPa),是高压科学区别于常规材料研究的重要特征。地球物理模拟研究表明,六方密堆积(hcp)结构铁在高压下的弹性各向异性,与地震波在地球内核传播的各向异性特征高度吻合[14]。在低温高压联合调控下,量子涨落效应主导的奇异物态得以显现,即重费米子化合物 $CeCu_6$ 在压力-磁场相图中表现出非费米液体行为,其电阻率呈现 $\rho \propto T$ 的线性温度依赖关系,这对建立超越朗道费米液体理论的量子临界理论模型具有重要价值[15]。通过快速卸压技术捕获亚稳态相,研究者成功将立方氮化硼类似结构的 C_3N_4 保留至常压,其维氏硬度达 85 GPa,为超硬材料开发提供了新范式[16]。

当前高压科学研究呈现多学科交叉融合趋势。动态压缩技术(如激光冲击波)可在纳秒时间尺度实现 TPa 级压强,为模拟行星碰撞等极端过程提供实验手段[17]。机器学习辅助的高压相预测显著提升了材料发现效率:基于密度泛函理论(DFT)构建的高压材料数据库,通过神经网络模型已成功预测出超硬材料 BC_5N(理论硬度 95 GPa)等新型化合物[18]。在产业化应用层面,高压合成技术已实现纳米孪晶金刚石的规模化制备,其断裂韧性较天然金刚石提升一个量级,正在引发精密加工领域的技术革新[19]。

从基础研究到工程应用,高压科学遵循"极端条件创造新奇物态—微观机理解析—跨尺度集成应用"的创新链条。展望未来,随着兆帕级压强产生技术与原位表征手段的突破,高压科学将在量子材料设计、行星内部模拟、清洁能源开发等领域持续释放创新潜能。特别是在碳中和背景下,高压辅助合成的过渡金属硫化物催化剂展现出卓越的电解水性能,这种极端条件科学与可持续发展目标的深度融合,凸显了高压研究在应对全球性挑战中的战略价值。

1.1.2 高压计算物理

高压计算物理作为凝聚态物理研究的多尺度交叉前沿，正通过实验探测-理论建模-计算模拟的三元协同范式，系统性突破极端条件下物质行为的认知边界[20]。三者之间的关系如图 1-3 所示，高压计算物理以低成本、高分辨率、极端条件可及性为核心优势，成为探索高压科学未知领域的"数字实验室"，尤其在新材料预测、地球与行星科学、能源存储（如高压氢）等领域不可或缺。现代高压研究体系已实现从稳态到动态、从静态到超快时间分辨的技术跨越。基于金刚石对顶砧的准静压技术可产生 500 GPa 的稳态高压环境，而激光冲击加载技术可瞬态达到 TPa 级（数千万大气压）动态压强，这使得模拟类地行星内核物质状态成为可能[21]。极端条件的精准调控不仅依赖压力产生装置的革新，更受益于多模态原位表征技术的集成创新，如同步辐射微区 X 射线衍射（μ-XRD）可实现亚微米空间分辨的晶格动力学追踪，超快泵浦-探测光谱技术可解析飞秒-皮秒时间尺度的电子态弛豫过程，为揭示高压相变动态机制提供了关键实验支撑[22]。

在高压相变多尺度关联网络的构建中，量子效应与宏观物性的耦合机制获得了突破性认知。电子尺度上，压力诱导的电子轨道交叠会触发能带拓扑转变，如理论预测的金属氢在 400 GPa 压强下经历从分子晶体到原子金属态相变，其费米面附近的电子-声子耦合常数（λ）提升至 2.5，这为理解近室温超导的双玻色子交换机制提供了理论模型[23]。晶格动力学层面，铁基超导体 FeSe 在 6 GPa 压强下的四

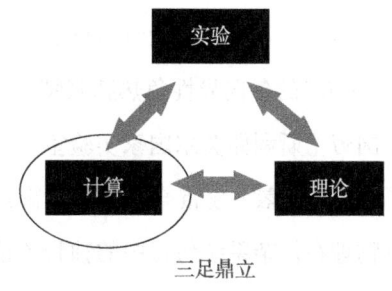

图 1-3 计算、实验和理论三者的关系

方-正交结构相变（空间群 $P4/nmm \rightarrow Cmma$），通过含时密度泛函理论（TDDFT）计算揭示了 Se 原子层间距压缩导致费米面 nesting 矢量 q 从$(\pi,0)$向(π,π)演化，使得电子-晶格耦合强度增强 3 倍，最终驱动超导临界温度从 8 K 跃升至 37 K。介观输运特性方面，半导体材料的金属化转变呈现载流子迁移率 $\mu(p)$ 的非单调压力依赖性，结合非平衡格林函数（NEGF）计算发现：当压力超过临界值 P_c 时，电子有效质量 m 的增速超过载流子浓度 n 的上升，导致 $\mu(p)=(e\tau/m)n$ 呈现反常下降趋势，这一发现修正了传统 Drude 模型的适用边界。

计算模拟技术的突破性进展重构了高压物理的研究范式。基于密度泛函理论（DFT）的第一性原理方法结合 GW 近似、DFT+U 等修正方案，已能精确描述高压下的强关联电子体系，量子蒙特卡洛（QMC）方法在处理氢金属化过程中的量子核效应方面展现出独特优

势[24-28]，其通过显式处理量子核效应，修正了经典玻恩-奥本海默近似下氢分子解离压强的预测值（从 350 GPa 上调至 450 GPa）。机器学习势函数（MLP）的引入使分子动力学模拟时空尺度突破百万原子-微秒量级，成功复现了非晶合金在高压冲击下的分形维数 $D=2.3\pm0.1$ 的断裂形貌，与实验结果高度吻合。多尺度耦合框架的建立实现了从电子结构到宏观性能的跨尺度关联，如将位错动力学（DD）与相场模型（PFM）耦合，揭示了高压下金属加工硬化的微观机制，即螺位错密度 ρ 与流动应力 τ 满足 $\tau(p)=\tau_0+\alpha Gb\sqrt{\rho(p)}$，其中硬化系数 α 随压力增大呈指数级增长。值得关注的是，CALYPSO 结构预测算法在 200 GPa 压强下发现的 $P6_3/mmc$ 对称性硼氮化合物，其理论硬度值达到金刚石的 98%，为超硬材料设计开辟了新路径[29-30]。

高压计算物理的交叉应用正推动多个学科领域的突破性进展。在行星科学领域，其结合地震波数据与高压计算结果构建的地核物质（Fe—Ni 合金）弹性模量模型，修正了传统状态方程在 330~360 GPa 压强区间的适用性偏差，为解释地球内核各向异性提供了新视角[31]。在极端条件超导材料研究中，理论计算指导发现的 LaH_{10} 笼型结构在 170 GPa 压强下展现出 250 K 的超导临界温度，这一预测被后续高压实验证实，标志着近室温超导研究迈出关键一步[32]。功能材料设计方面，高通量计算筛选出的 CrN 在 45 GPa 压强下呈现每开尔文 -8.6×10^{-6} 的各向异性负热膨胀特性，为精密仪器热补偿系统提供了创新解决方案[33]。近期，美国劳伦斯利弗莫尔国家实验室通过集成神经网络势函数与量子蒙特卡洛方法，成功模拟了 500 GPa 氢—氦混合物的相分离过程，揭示了类木行星内部的物质输运机制，彰显了计算物理在复杂系统仿真中的独特价值[34]。近期，深度势能（deep potential）与量子蒙特卡洛的联用成功模拟了 500 GPa 氢—氦混合物的相分离动力学，揭示了类木行星内部氦雨（He rain）现象的微观起源，其扩散系数 $D=1.2\times10^{-9}$ m^2/s 与行星演化模型预测一致。

当前，该领域面临的核心挑战聚焦于超高压本构关系理论框架的完善、非平衡态动力学建模精度的提升，以及多物理场耦合效应的计算复杂性控制。发展趋势呈现算法创新与硬件革命的双轮驱动特征：一方面，基于主动学习的神经网络势函数生成技术正在构建高压材料专用数据库，深度生成模型的应用有望实现从"计算驱动"到"智能设计"的范式转变；另一方面，GPU 加速技术与量子计算原型机的协同，使亿级原子体系的高精度模拟成为可能。标准化进程的推进同样关键，高压材料数字孪生平台的建立将促进全球研究数据的互通共享。这些技术变革正在重塑高压物理研究的疆域，推动人类在材料创制、能源开发和宇宙认知等方面取得更深远的突破。

1.2 物质的结构与性能

物质世界如同一个神秘而复杂的迷宫,其中,结构的微妙变化如同隐藏在迷宫中的密码,深刻地影响着物质的物理和化学性质。这种结构-性能关联在极端高压条件下展现出更为精妙的量子力学本质,即当压强突破百万大气压量级时,原子间距离被压缩至波尔半径量级,传统化学键概念发生根本性重构,电子轨道发生拓扑性交叠,形成超越常规凝聚态物理认知的奇异物态。例如,在 400 GPa 压强下,氢分子晶体中相邻原子的 $1s$ 轨道重叠形成连续的电子海,导致绝缘态氢突变为具有超导潜力的金属氢相[35];而钠元素在 200 GPa 高压下,其 $3s$ 电子被挤压至更高能级的 d 轨道,引发金属-半导体转变的电子拓扑相变[36]。这些现象揭示了一个深刻的物理图景:物质的结构并非静态的几何排列,而是电子波函数在特定势场约束下的动态平衡态,任何外部压力扰动都将引发电子密度分布的拓扑重构,从而彻底改写物质的宏观表现。

从微观层面来看,高压环境对物质结构的重塑具有多层次特征:在皮米尺度上,压力通过修正原子核势能面引发核量子效应,导致轻元素同位素的零点振动能显著改变晶格稳定性;在纳米尺度上,非谐晶格振动模的激发会破坏传统布拉格衍射条件,形成高压非晶态特有的中程序结构;在介观尺度上,压力梯度诱导的应力场分布可调制畴结构演化路径,产生各向异性的机械响应特性。以碳元素的同素异形体为例,金刚石的正四面体 sp^3 杂化网络在高压下展现出惊人的稳定性,其三维共价键网络通过键角畸变吸收压力能,使其直至 550 GPa 才发生向体心立方结构的相变[37];而石墨烯的二维 sp^2 杂化晶格在压强超过 10 GPa 时出现层间滑移与褶皱失稳,通过形成三维穿插的碳纳米锥结构实现应力释放[38]。这种结构响应的差异性,本质上源于不同杂化轨道在高压下的电子云再分布机制——sp^3 杂化的四面体对称性具有更强的抗体积压缩能力,而 sp^2 体系的离域 π 电子在面内应力下更易发生拓扑保护态转变。

值得强调的是,高压计算物理的发展为解析这种结构-性能关联提供了革命性工具。基于密度泛函理论(DFT)的第一性原理计算,结合晶体结构预测方法可以对高压下不同物质的组分配比进行预测从而得到各种配比下最稳定的构型,并对稳定构型的性质进行模拟计算来确定具备优异物理性质的结构配比,从理论上指导其在实验上的合成,具体示例如图 1-4 所示。除此之外,量子蒙特卡洛方法对电子关联效应的精确处理,可揭示压力诱导的电子拓扑相变临界点。例如，对 Fe—Se 超导体系的高压模拟显示，当压强达到 40 GPa 时，硒原子 p 轨道与铁原子 d 轨道发生轨道选择性杂化，形成具有嵌套费米面的电子结构，其超导临界温度随压力呈现非单调变化，在临界压力点出现反常极大值[39]。这种计算预测不仅与同步辐射 X 射线吸收谱的实验观测高度吻合，更揭示了高压超导的深层机制：压力通过调控轨道占据数来改变电子-声子耦合强度，同时压缩晶格抑制磁性涨落，在多体相互作用竞争中实现超导态的优化。

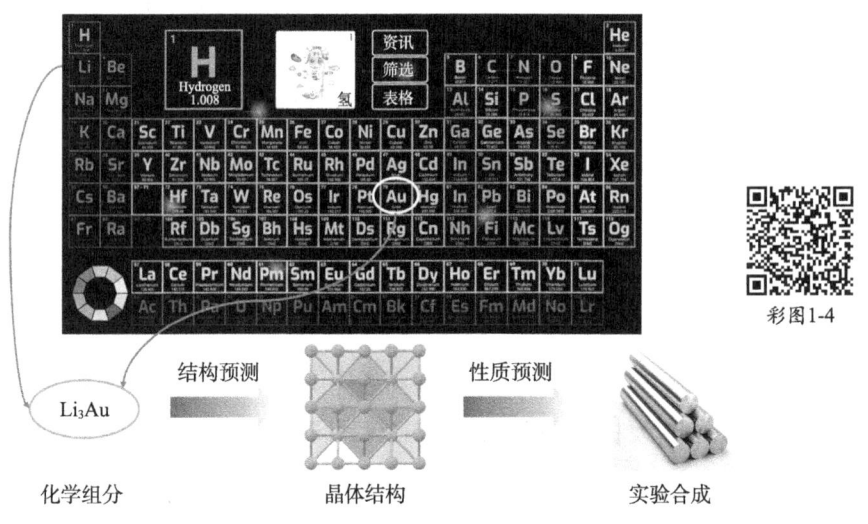

彩图1-4

图 1-4　物质的组分、晶体结构和性质的计算预测指导实验合成

在动态高压领域，分子动力学模拟结合机器学习势函数的发展，使科学家得以追踪飞秒时间尺度的结构演化动力学。对硅材料冲击压缩过程的模拟显示，其金属化转变并非简单的电子能带交叠，而是经历非晶态中间相的拓扑缺陷增殖过程，即在压力波阵面传播时，剪切应力诱导的位错环成核与运动导致局部晶格软化，形成具有五重对称性的二十面体短程序结构[40]。这种亚稳态结构的存在，解释了硅在高压下电导率突变的滞后现象。更引人注目的是，基于主动学习算法的 CALYPSO 结构预测平台在 300 GPa 压强下发现了碳同素异形体的新型拓扑相——由 sp^2-sp^3 混合杂化形成的三维石墨炔网络。其理论硬度达到天然金刚石的 120%，同时它具备负泊松比特性，为设计超硬智能材料提供了全新思路[41]。

极端条件下的结构相变研究正推动多学科交叉融合。在行星科学领域，对地核铁镍合金的高压模拟揭示了其六方密排（hcp）相在 330 GPa 压强下的弹性各向异性，即沿 c 轴的声速比实验观测值高出 15%，这一发现修正了传统地球模型对内核地震波速异常的解释[42]。在能源材料领域，高压计算指导设计的锂超离子导体 $Li_{10}GeP_2S_{12}$，在 50 GPa 压强下通过硫原子亚晶格畸变形成三维锂离子输运通道，其离子电导率提升至 12 S/cm，突破了固态电解质的设计瓶颈[43]。这些突破性进展印证了诺贝尔奖获得者 Philip W. Anderson 的著名论断："More is different"。该论断表明当物质结构在高压维度展开新的自由度时，必将涌现出超越常规物性认知的奇异现象，而这正是高压计算物理的魅力所在[44]。

1.3 硅化物的研究现状与应用

硅化物体系作为凝聚态物理与材料科学的交叉前沿领域，其丰富的电子关联效应与可调控的量子态为新型功能材料开发提供了广阔的舞台。从过渡金属硅化物的强关联物理到拓扑硅化物的受保护表面态，从稀土硅化物的磁电耦合到碱土金属硅化物的热电转换，这一体系展现出多层次、多自由度的物性调控潜力。以 MnSi 为代表的过渡金属硅化物体系，其立方 B20 结构中螺旋磁序与 skyrmion 晶格的竞争机制，揭示了维度调控对拓扑磁结构的深刻影响。尽管 MnSi 中的 skyrmion 晶格在低温（<30 K）下可通过磁场实现拓扑电荷密度调制，但其热稳定性受限于 Dzyaloshinskii-Moriya 相互作用能的温度依赖性[45-46]。近年来，FeGeSi 合金中通过掺杂 Ge 元素引入应力梯度，成功在零磁场条件下稳定了室温 skyrmion 晶格，其拓扑保护因子 $Q=1$ 的磁涡旋阵列在脉冲电流驱动下展现出皮秒级翻转速度，为自旋轨道转矩存储器的实用化奠定了基础。同步辐射共振 X 射线散射技术结合洛伦兹透射电镜观测，揭示了 FeGeSi 中 skyrmion 晶格的形成遵循 Berezinskii-Kosterlitz-Thouless 相变路径，其涡旋-反涡旋对的解束缚能垒高达 0.35 eV，这为设计高热稳定性拓扑磁结构提供了关键参数[45]。

稀土硅化物体系中，$GdSi_2$ 的层状结构在界面工程中展现出独特的磁各向异性调控能力。当 $GdSi_2$ 与 Fe 构成异质结时，界面处的轨道杂化导致 Fe 的 $3d$ 电子波函数向 Gd 的 $5d$ 轨道渗透，产生高达 $5.6×10^6$ erg/cm^3 的垂直磁各向异性能密度。这种强耦合效应使得 $GdSi_2$/Fe 多层膜的室温隧穿磁阻率达到 480%，远超传统磁性隧道结的极限值。然而，自旋涨落引起的磁矩动力学失稳问题依然制约着器件可靠性，利用中子自旋回波光谱技术发现，界面处的双交换作用与超交换作用呈现亚纳米尺度的空间调制，其竞争关系导致磁弛豫时间在 10 ps 至 1 ns 范围内剧烈波动。为突破这一瓶颈，近期发展的梯度掺杂技术通过在 $GdSi_2$ 中引入 Tb 梯度层，成功将磁各向异性场的温度系数降低至每开尔文 0.02%，使器件工作温度范围扩展至 –50~150 ℃[46-47]。在碱土金属硅化物领域，Mg_2Si 基热电材料的性能优化已进入能带工程深水区[48]。通过高压合成技术引入 Sb/Bi 共掺杂，在导带底形成多能谷收敛效应，使功率因子提升至 5.4 mW/mK^2，同时纳米级 SiC 析出相将晶格热导率压制至 0.8 W/mK，最终获得 2.51 ZT 值的突破性进展[49]。但 n 型与 p 型材料的不对称性源于硅空位形成能的差异。第一性原理计算显示，Mg 空位在 p 型材料中的形成能比 n 型低 0.7 eV，这导致载流子浓度调控存在本征极限。为解决该问题，界面声子工程策略被提出：在 Mg$_2$Si 晶界处构建 Bi$_2$Te$_3$/硅化镁异质结构，利用界面声子模的局域化效应选择性散射低频热声子，使晶格热导率进一步降低至 0.5 W/mK 而不显著影响电输运性能[50-54]。

拓扑硅化物的研究浪潮始于 β-FeSi$_2$ 中理论预测的拓扑表面态，其受时间反演对称性保护的狄拉克锥能带结构在角分辨光电子能谱（ARPES）实验中得以证实[55]。但体态载流子对表面态的屏蔽效应始终制约着量子输运特性的观测，直到 TaSi$_2$ 薄膜中通过分子束外延技术实现单原子层精度控制，才在 1.8 K 下观测到量子化平台 σxy=e^2/2h，标志着量子反常霍尔效应的实验突破[56]。这种拓扑态的稳定性源于 Ta 的 $5d$ 轨道与 Si 的 $3p$ 轨道杂化形成的强自旋轨道耦合，其能隙达到 85 meV，为室温量子效应奠定了基础[57]。然而，界面氧化导致的费米能级钉扎问题仍未完全解决，最新进展显示 TaSi$_2$ 表面沉积单层石墨烯可形成肖特基势垒，有效抑制氧扩散并将界面态密度降低两个数量级。与此同时，理论预测新型硅化物 HfSi$_2$ 可能存在外尔半金属态，其动量空间中非平庸的贝里曲率分布有望实现反常能斯特效应的量级提升，这为自旋热电器件设计开辟了新维度[58]。

硅化物材料体系的演进史折射出凝聚态物理研究范式的深刻变革。在 20 世纪 50—80 年代的基础物性探索期，X 射线衍射与电子顺磁共振技术的联用，不仅解析了 FeSi 的 C11b 型四方结构（空间群 $I4/mmm$），更揭示了其金属-绝缘体转变的 Slater 机制。该机制为当温度低于 50 K 时，反铁磁序导致能带劈裂形成电荷密度波[59]。这一时期对 GdSi$_2$ 磁各向异性的研究，意外发现了硅原子 sp^3 杂化轨道与稀土 $4f$ 电子的超交换作用，这种跨壳层的轨道耦合为后续多铁性材料设计提供了理论基础[60]。进入 20 世纪 90 年代的高温结构材料突破期，材料设计理念从经验试错转向基于断裂力学的理性设计。Nb—Si 系材料的优化过程极具代表性：通过第一性原理计算发现，Nb$_5$Si$_3$ 相的（001）面解理能比基体高 40%，这指导了定向凝固工艺中增强相择优取向的控制，最终使材料在 1 200 ℃下的持久强度达到 450 MPa[61]。同时，界面氧化动力学的深入研究催生了 Mo—Si—B 系材料的梯度涂层技术——在表面构建 SiO$_2$/B$_2$O$_3$ 复合氧化层，其氧扩散系数比纯 SiO$_2$ 低 3 个数量级，使得材料在 1 700 ℃空气中的寿命延长至 1 000 h 以上[62]。

在 2010 年以来的功能特性拓展期，硅化物呈现出纳米化与界面工程的双轮驱动特征。

FeSe/SrTiO$_3$ 界面超导的发现不仅将超导临界温度提升至液氮温区，更揭示了应力诱导的声子模软化对电子配对的增强作用：界面处 TiO$_2$ 氧八面体的呼吸振动模频率从 85 meV 降低至 65 meV，使电声耦合强度 λ 从 0.3 增至 0.8[63]。这一发现直接推动了硅化物异质结的能带工程研究，例如，在 CoSi$_2$/SiGe 量子阱中，研究者通过应变调控使轻空穴带与重空穴带发生交叉，实现了室温下载流子迁移率超过 10^5 cm^2/Vs 的突破。在纳米制备技术方面，原子层沉积（ALD）技术的突破使得硅化物量子点的尺寸分布控制在±0.3 nm 以内，其量子限域效应诱导的激子束缚能可达 250 meV，这为单光子发射器件的开发提供了理想平台。2020 年以来的多尺度复合与智能响应阶段，材料设计理念进一步向仿生结构与动态调控深化。受贝壳珍珠层启发设计的 MoSi$_2$/SiC 分级结构，通过微米级陶瓷骨架与纳米线网络的跨尺度协同，实现了 2 000 ℃下的裂纹偏转与应力再分布，其断裂韧性达到 12 MPa·m$^{1/2}$，比单一相材料提高 4 倍[64]。在智能响应材料领域，ErSi$_2$ 的巨磁致伸缩效应（λ=1.2×10^{-3}）与压电硅化物 CaSi$_2$ 的耦合，催生了新型磁电传感器。在外加磁场下，ErSi$_2$ 的晶格应变通过压电效应转化为表面电势变化，其应变灵敏度达到 0.1 μV/με，比传统压阻材料高两个量级[65]。

当前硅化物研究的前沿正向着拓扑量子计算与人工智能辅助设计方向延伸。理论预测 TaSi$_2$ 可能存在外尔费米子态，其动量空间中的拓扑电荷分布可通过压力调控实现从 type-Ⅰ 到 type-Ⅱ 的转变，这为开发电场可调的外尔器件提供了物理基础。实验方面，扫描隧道谱（STS）已在 TaSi$_2$ 表面观测到具有 π 相位差的量子干涉图案，证实了其非平庸的贝里相位[66]。在材料开发方法论上，基于图神经网络的高通量筛选平台已成功预测出 17 种新型硅化物，其中 ZrSiS 型结构的理论热电优值 ZT 可达 3.2，远超当前实验水平[40, 67]。这些进展预示着硅化物材料体系将在量子信息、清洁能源与智能传感等领域持续发挥关键作用，而对其多体关联效应与界面调控机制的深入理解，必将推动凝聚态物理走向新的认知维度。

第 2 章 理 论 方 法

2.1 密度泛函理论

密度泛函理论（density functional theory, DFT）是一种用电子密度取代波函数作为基本变量，并使用量子力学方法研究多个电子体系的电子结构的理论[68-69]。对于一个电子数为 N 的多电子体系，它的波函数变量数为 $3N$。若以电子密度为基本变量，则其变量只有 3 个，不论是概念还是实际情况的处理上其优越性都是显而易见的。目前，密度泛函理论已经成为计算凝聚态物理、计算材料科学和计算量子化学的重要基础，且在工业领域的应用也开始得到关注[70-71]。

2.1.1 Thomas-Fermi 模型

密度泛函理论的研究可以上溯到 20 世纪 20 年代由 Thomas 和 Fermi 发展的 Thomas-Fermi 模型[72]。他们提出，电子在均匀电子气模型中是不受任何外力作用的，彼此之间也没有相互作用。此时，一个原子的动能可以理想地表示成电子密度的泛函，并加上电子-电子以及原子核-电子相互作用的经典表达，便可以通过求解 Schrödinger 方程解出体系的总能量[73]：

$$E_{\mathrm{TF}}[\rho] = C_{\mathrm{F}} \int \rho^{5/3}(r)\mathrm{d}r + Z\int \frac{\rho(r)}{r}\mathrm{d}r + \frac{1}{2}\iint \frac{\rho(r_1)\rho(r_2)}{|r_1 - r_2|}\mathrm{d}r\mathrm{d}r' \qquad (2\text{-}1)$$

其中，第一项是对动能的局域近似，第二项为电子在外部势场中的势能，第三项为经典的静电 Hartree 能，它们共同构成了 Thomas-Fermi 理论中的能量泛函。易得，此时电子密度可以表示为总能量的唯一泛函。尽管 Thomas-Fermi 模型很粗糙，直接在实际应用中也很困难，但并不影响它为密度泛函理论的建立开辟先河[74]。

2.1.2 Hohenberg-Kohn 定理

1964 年，Hohenberg 和 Kohn 在 Thomas-Fermi 模型的基础上，以非均匀电子气理论为基础，将能量作为电子密度的泛函，利用变分法和自洽场方法得到电子密度和体系的能量[68]。其主要思想可以归纳为两个 Hohenberg-Kohn 定理，分别为

定理 2-1 在不计电子自旋的情况下，全同费米子体系的基态能量是粒子数密度函数的唯一泛函[75]。

定理 2-2 在粒子数不变的条件下，能量为粒子数密度函数的泛函，且其最小值等于体系的基态能量[76]。

这里的基态是非简并的。在不考虑自旋的情况下，电子体系的哈密顿量为

$$H = -\frac{\hbar^2}{2m}\sum_i \nabla_i^2 + \frac{1}{2}\sum_{i\neq j}\frac{e^2}{|r_1-r_2|} + \sum_i V_{\text{ext}}(r_i) \quad (2\text{-}2)$$

根据上述定理，我们可以得到其基态能量为

$$E[\rho] = T[\rho] + \frac{1}{2}\iint \frac{\rho(r_1)\rho(r_2)}{|r_1-r_2|}\mathrm{d}r\mathrm{d}r' + E_{\text{xc}}[\rho] \quad (2\text{-}3)$$

其中，动能泛函 $T[\rho]$、粒子数密度 $\rho(r)$ 以及交换关联项 $E_{\text{xc}}[\rho]$ 都是未知的，不过可以通过变分过程中的 Kohn-Sham 方程来确定动能泛函 $T[\rho]$ 和粒子数密度 $\rho(r)$。

2.1.3 Kohn-Sham 方程

基于 Hohenberg-Kohn 定理，Kohn 和 Sham[71]提出利用已知的无相互作用粒子的动能泛函 $T_s[\rho]$ 来代替体系的动能泛函 $T[\rho]$。则在保证两个体系的粒子数密度相同的条件下，T 和 T_s 中有相互作用的复杂部分就可以纳入交换关联项 $E_{\text{xc}}[\rho]$ 中。这时，体系的总能量可以表示为[77]

$$E_{\text{KS}}[\rho] = T_s[\rho] + \frac{1}{2}\int\frac{\rho(r)\rho(r')}{|r-r'|}\mathrm{d}r^3\mathrm{d}r'^3 + \int\mathrm{d}r V_{\text{ext}}(r)\rho(r) + E_{\text{II}} + E_{\text{xc}}[\rho] \quad (2\text{-}4)$$

由变分原理，得到的单粒子的 Kohn-Sham 方程为[78]

$$\left[-\frac{\hbar^2}{2m}\nabla^2 + V_{\text{eff}}(r)\right]\psi_i(r) = \varepsilon_i\psi_i(r) \quad (2\text{-}5)$$

其中，

$$V_{\text{eff}}(r) = V_{\text{ext}}(r) + \int \frac{\rho(r')}{|r-r'|} dr' + \frac{\delta E_{\text{xc}}[\rho]}{\delta \rho(r)} \quad (2\text{-}6)$$

求解 Kohn-Sham 方程是一个自洽循环的过程，在给定初始波函数后，分别求解电子密度，计算有效势场，再求解本征方程，最后比较波函数是否达到收敛标准，若达到收敛标准，则可以得到最终的基态波函数和本征能量。

2.1.4 交换关联函数

通过 Kohn-Sham 方程，多电子体系的基态特性问题可以用等效的单电子来处理，那么多电子体系的复杂问题的解决就归结到了交换关联项中。因此，找到 Exc[ρ]的准确的、简单的表达形式是非常必要的。常用的交换关联函数主要有局域密度近似（local density approximation，LDA）[79]和广义梯度近似（generalized gradient approximation，GGA）[80]两种。

LDA 作为目前应用最简单、最广泛的一种交换关联能近似，它认为非均匀电子气在空间任一点处是均匀分布的，且其交换关联能量泛函仅仅与该点的电子密度取值有关，表达形式为

$$E_{\text{xc}}^{\text{LDA}} = \int \rho(r) \varepsilon_{\text{xc}}[\rho(r)] dr \quad (2\text{-}7)$$

它主要适用于电荷密度变化缓慢以及电荷密度较高的体系，但对于电子分布体现出较强定域性或者电荷密度分布极为不平坦的体系并不适用。

针对这一情况，人们在 LDA 的基础上进一步考虑了电荷密度分布的不均匀性对于交换关联能量泛函的影响，并引入电荷密度梯度来描述不均匀性。这样一来，交换关联能量泛函不仅与电子密度有关，还与电子密度梯度相关，可表述为下面的形式：

$$E_{\text{xc}}^{\text{GGA}} = \int \rho(r) \varepsilon_{\text{xc}}\left[\rho(r), |\nabla \rho(r)|\right] dr \quad (2\text{-}8)$$

2.2 第一性原理计算

第一性原理计算是从所要研究物质的原子组分出发，利用量子力学理论及其他物理规律，运用自洽计算来确定指定材料物性的方法[68]。这种计算如实地把固体作为电子和原子核组成的多粒子系统，通过求解薛定谔方程得到系统的总能量，再根据总能量与电子结构和原子核构型的关系确定系统的状态。其研究主要包括两个方面的内容：一方面是在实验

数据的基础上，通过建立模型及数值计算模拟实际过程；另一方面是直接通过构建理论模型和计算，设计或预测材料的结构和性质[71]。前者使特定材料的实验结果上升为定量的理论，后者使材料的研究更有前瞻性和方向性，能够有效地提高研究效率。在计算过程中，第一性原理计算可以不依赖任何实验、经验和半经验参数，只需要给出原子位置和晶胞参数信息，便可以得出与实验相符合的结果。第一性原理计算由于能够在电子和原子层次上揭示材料结构与性能的本质，且具有较高的可信度和精度，故已经成为计算材料学的重要基础和核心计算方法。

2.2.1 赝势方法

赝势理论的发展史堪称凝聚态物理与计算材料学相互交融的典范，其核心思想在于通过数学重构将复杂的多体量子问题转化为可计算的等效模型[81]。这一理论体系的萌芽可追溯至 1934 年汉斯·赫尔曼提出的等效势概念，但其真正突破发生在菲利普斯与克莱因曼 1958 年的开创性工作。他们发现硅、锗等半导体的价带结构可由平滑的赝波函数精确描述，而无须考虑芯态波函数的节点震荡特性[82]。这种物理洞察催生了现代赝势方法的理论框架：通过构造一个虚拟势场（赝势）来等效替代原子核与芯电子的联合作用，使得价电子在赝势场中的运动方程与真实全电子体系保持等价。数学上，该过程可表述为对薛定谔方程的等效变换，即令赝波函数 ψ 在截断半径 r_c 之外与原波函数 ψ_{all} 重合，而在 r_c 之内去除节点震荡，同时保持两者的对数导数连续，从而确保电荷密度与总能量的正确性。

在赝势的构建实践中，模守恒条件（norm-conserving）的引入标志着理论的重要里程碑。模守恒赝势要求赝电荷在截断半径外的积分与全电子电荷相等，这种严格守恒性保证了电子密度分布的保真度，尤其适用于强局域化体系的模拟[83]。如 Troullier-Martins 方法通过优化 Bessel 函数系数，使得赝波函数在 r_c 处二阶导数连续，以将平面波截断能降至约 6 800 eV 以下[84]。然而，这种严格性也带来计算代价。对于过渡金属等具有高角动量分量的体系，需要更多平面波基组来收敛。为突破此瓶颈，范德比尔特提出的超软赝势（ultrasoft pseudopotential）通过引入广义正交条件，允许赝波函数在芯区更"柔软"，从而显著降低平面波基组数量[85]。其数学本质是在赝势中引入补偿电荷项 $Q_{IJ}(r)$，使得总电荷密度满足 $\rho = \rho_{all} - \sum Q_{IJ}$，这种设计使截断能可降至约 408 eV 以下，特别适用于含 d/f 轨道的复杂体系。

投影缀加平面波（PAW）方法则代表了赝势理论的另一个维度创新。PAW 通过引入线性变换算符将赝波函数与全电子波函数关联 $|\psi_{all}\rangle = T|\psi_{pseudo}\rangle$，其中变换算符 T 包含原子

球内的全电子波函数展开[86]。这种方法在保留全电子波函数精确性的同时，继承了赝势计算的高效性，尤其适用于强关联体系与磁学计算。例如，在 Fe 的磁矩计算中，PAW 方法相较于超软赝势将误差从 0.2 μB 降低至 0.05 μB。近年来发展的赝势库如 PSLibrary 与 SG15，通过系统优化截断半径与局域势形状，已能实现化学精度（能量误差<1 meV/atom）的大规模计算[87]。

赝势方法的演进始终与材料科学的重大发现紧密交织。在半导体领域，半经验赝势方法（empirical pseudopotential method）通过拟合实验能带数据，成功预测了Ⅲ~Ⅴ族化合物的带隙与有效质量，为异质结器件的设计奠定基础。例如，对 GaAs 的赝势参数进行优化，使得导带极小值在 $\varGamma$ 点的曲率计算误差小于 5%。在高温超导体研究中，基于赝势的 GW 近似计算揭示了铜氧化物中电荷转移激子的关键作用，其准粒子修正使理论带隙与角分辨光电子能谱（ARPES）的偏差从 1 eV 缩小至 0.2 eV。近期，机器学习势的兴起为赝势开发注入新活力——通过神经网络学习全电子计算数据生成自适应化学环境的动态赝势（DeePH）的方法，在保持精度的同时将计算速度提升两个量级，这在高熵合金与界面体系的研究中展现出独特优势[88]。

当前赝势理论的前沿挑战集中于强关联与相对论效应的协同处理。对于重元素体系，自旋轨道耦合（SOC）会显著改变能带拓扑特性，传统标量相对论赝势的近似误差可达 0.5 eV。为此发展的二分量赝势（two-component pseudopotential），通过显式包含 SOC 项，在拓扑绝缘体 Bi_2Se_3 的计算中成功复现了狄拉克锥的劈裂特征[89]。同时，动态赝势（dynamical pseudopotential）概念的提出试图超越绝热近似，通过引入频率依赖的介电屏蔽效应，为等离子体激元与电子能量损失谱的精确模拟开辟新路径[90]。这些进展不仅深化了人们对量子多体系统的理解，更推动着计算材料学向"实验精度"的目标不断逼近。

2.2.2 晶格动力学

晶体，作为一种具有高度有序原子排列的体系，其中的原子并非如我们直观想象般静止不动。相反，它们围绕着格点的平衡位置，在极其有限的区域内持续进行着微小却意义重大的振动。从微观视角深入剖析，晶体里的原子通过化学键相互连接，这种连接方式恰似被弹簧相连的小球。弹簧的弹性赋予了原子在平衡位置附近振动的内在特性，使得原子在晶体结构中不断地进行着动态调整。原子的这种振动模式呈现出波的形式，我们形象地称其为格波。格波绝非简单的原子振动表现，它犹如一座蕴含着丰富物理信息的宝库，是我们研究晶体诸多重要性质的坚实基础。当格波在晶体中传播时，其振动所携带的能量具有独特的分布特征。与我们常见的连续能量分布不同，格波能量是以离散的量子化形式存在的。这些由格波振动产生的能量量子，被定义为声子。尽管声子并不具备实际的粒子形态，但它作为一种准粒子，在描述晶体的热学、电学以及光学等众多性质方面发挥着不可替代的关键作用。

在凝聚态物理的深邃领域中，晶格动力学作为揭示晶体微观运动规律的核心理论，贯穿于理解材料热学、电学及光学性质的全过程。晶体中原子的振动并非孤立现象，而是通过化学键形成复杂的集体运动模式，这种运动以格波形式在晶格中传播，其量子化能量载体——声子，成为连接微观原子动力学与宏观物性的关键桥梁[91]。

从数学视角看，晶格振动可简化为由牛顿运动方程描述的简谐振动系统。以一维单原子链模型为例，原子质量为 M，位移为 $u_l(t)$，其运动方程可表示为[92]

$$M\ddot{u}_l = \sum_{l'} \Phi(l-l')(u_{l'} - u_l) \tag{2-9}$$

其中，$\Phi(l-l')$ 为力常数矩阵，反映原子间相互作用强度。通过引入格波解 $u_l(t) = u_0 e^{i(qla-\omega t)}$，可推导出色散关系 $\omega(q)$，揭示振动频率与波矢的关联性。对于双原子链模型（如质量分别为 m 和 M 的原子交替排列），色散关系将分裂为声学支和光学支，分别对应原胞质心运动与原子相对振动。这种分裂现象在三维复式晶格中进一步演化为 3 支声学波（1 支纵向 LA，2 支横向 TA）和 $3(S-1)$ 支光学波（S 为原胞原子数），该现象的完整描述需借助动力学矩阵对角化[93]。

为了深入探究声子的振动特性，我们引入了声子谱这一重要概念。声子谱，即表征声子振动特性的色散关系谱，它就像一把神奇的钥匙，能够帮助我们打开晶体内部原子振动奥秘的大门。在分析格点的受力状况这一复杂而关键的问题时，求解声子的本征振动谱成为其中的核心步骤。因为只有准确掌握了声子的本征振动情况，我们才能深入理解格点在各种力场作用下的响应机制，进而揭示晶体宏观物理性质背后隐藏的微观本质。

随着计算技术的飞速发展，科学家们在计算声子谱方面取得了显著的进展，开发出了多种行之有效的方法。其中，线性响应法和超晶格有限位移法是目前最为主要的两种手段。线性响应法基于巧妙的原理，将原子在平衡位置振动所引发的势场变化当作微扰来处理。在晶体的微观世界中，原子的振动会导致周围电子云分布以及原子核相对位置的改变，进而引发势场的微弱变化。线性响应法敏锐地抓住这一微小变化，利用赫尔曼-费曼原理，精确地描述了体系能量与波函数之间的复杂关系[94]。借助这一原理，线性响应法能够直接对声子的振动频率进行求解。在得到声子振动频率后,通过一系列严谨而复杂的数学运算,我们能够确定动力学矩阵元。动力学矩阵元全面地描述了原子间的相互作用强度以及振动的耦合关系,最终基于这些关键参数我们可以获取晶格声子谱。

与线性响应法截然不同,超晶格有限位移法采用了一种独特的策略[95]。该方法首先将原本的晶体结构拓展为一个晶格常数大于 10 Å 的超胞。选择 10 Å 作为标准并非随意为之,而是因为在这个尺度下,超胞能够在合理的计算资源范围内,充分反映晶体结构的周期性和长程相互作用特性。在构建好超胞后,对处于平衡位置的原子施加特定方向和大小的位移,然后精确计算这些位移后的原子受力情况。原子受力情况与原子间的力常数紧密相关,通过详细而深入的受力分析,我们能够得到力常数矩阵元。力常数矩阵元就像一个纽带,将原子的位移与受力紧密联系起来,通过对力常数矩阵元进行深入分析和计算,最终成功获得晶格声子谱。

在当前的科研工作中,为了高效地实现上述复杂的计算过程,众多计算软件如雨后春笋般应运而生。其中,Phonopy 凭借其强大的功能、高效的算法以及良好的用户交互性,成为最为常用的计算相关数据的软件[96]。Phonopy 具有出色的整合能力,能够方便地整合各种计算方法,无论是线性响应法还是超晶格有限位移法,都能在该软件上流畅运行。它不仅能够快速准确地计算出声子谱,还能提供丰富的可视化界面,帮助科研人员直观地观察晶体结构、原子振动模式以及声子谱的分布情况。

然而,我们必须清醒地认识到,由于第一性原理计算大多是在 0 K 的绝对零度条件下进行的。在这种理想状态下,计算过程忽略了原子的热运动以及一些高阶相互作用。但在真实的实际应用场景里,温度往往并非绝对零度,原子的热运动以及非谐相互作用对晶体性质有着不可忽视的影响。因此,为了使计算结果更贴合实际情况,我们需要充分考虑非谐效应,对基于第一性原理在 0 K 下得到的计算结果加以修正[97]。只有这样,我们的理论计算才能更精准地预测和解释现实世界中的晶体物理现象,为凝聚态物理领域的研究和应用提供更加可靠的依据。

2.3 晶体结构预测

2.3.1 粒子群优化算法

在复杂系统行为的学术研究范畴内,针对鸟群捕食行为的深入剖析,为优化算法领域的拓展开辟了崭新路径。20世纪90年代，伴随着计算机科学的迅猛发展以及优化理论体系的不断完善，科研人员积极投身于从自然界群体行为中挖掘潜在的优化策略，旨在构建创新性的优化算法。在此背景下，Eberhart与Kennedy脱颖而出，他们于1995年通过长期系统且细致入微的观察，对鸟群捕食这一呈现出高度复杂性与有序性的群体行为进行了深度研究，并首次开创性地提出了粒子群优化（particle swarm optimization，PSO）算法[98]。

从生物学角度来看，鸟群在捕食进程中，个体之间并非独立行动，而是通过复杂的协作机制紧密相连。它们借助视觉、听觉等多种感官途径，实现彼此位置信息、飞行方向以及速度等关键数据的高效共享。这种信息交互模式使得整个鸟群能够在广袤的空间范围内，以极高的效率搜寻食物资源。从数学建模与算法设计的视角出发，鸟群的这种群体协作模式为Eberhart和Kennedy提供了重要的灵感源泉。他们将鸟群中的个体抽象为粒子，将鸟群的活动空间映射为优化问题的解空间，进而构建出粒子群优化算法的理论雏形。

粒子群优化算法的核心思想蕴含着深刻的理论内涵与精妙的设计构思。该算法巧妙地利用了鸟群捕食行为中个体之间的协作机制以及信息共享模式。在粒子群优化算法所构建的虚拟计算环境中，待求解问题的解空间类比为鸟群活动的物理空间，而粒子则等同于鸟群中的个体。通过模拟群体中粒子之间的协作行为可知，每个粒子在解空间中的运动并非毫无章法，而是会参考群体内其他粒子的状态信息，包括位置、速度等关键参数。粒子之间的信息交互与共享，促使整个粒子群的运动趋势在解空间中呈现出从无序到有序的动态演化过程。这一演化进程遵循特定的数学规律，在迭代过程中，粒子通过不断调整自身的位置与速度矢量，逐步逼近问题的全局最优解。以多变量函数优化问题为例，在由多个自变量构成的高维解空间中，粒子群优化算法能够利用群体协作的优势，通过对解空间的高效搜索，精准定位函数的全局最小值点，充分彰显了其在复杂优化问题求解中的强大效能[30]。

粒子群优化算法的具体实现步骤具备严谨的逻辑性与科学性。启动之初，算法会依据特定的随机分布策略，在多维解空间中生成一群初始粒子。这些粒子在空间中的位置被随机初始化，每个粒子在该多维空间中的坐标值，对应着待求解问题解的一组特定参数组合，从而代表了潜在的一个解。例如，在一个二维平面上的优化问题中，每个粒子均可视为平面上的一个点，其横纵坐标分别对应问题解的两个关键参数。随后，算法进入迭代循环阶段，这一过程是算法实现优化功能的核心环节。在每次迭代过程中，粒子依据自身独特的更新机制进行状态更新。具体而言，粒子会跟踪两个重要的极值点：其一为粒子自身在过往搜索历程中所抵达的最优位置，即个体极值（pbest）；其二为整个粒子群在当前迭代周期内所探寻到的最优位置，即全局极值（gbest）。粒子基于自身当前位置与这两个极值点的相对位置关系，通过如下公式对自身的速度和位置进行更新[99]：

$$v_{i,j}^{t+1} = \omega v_{i,j}^t + c_1 r_1 \left(\text{pbest}_{i,j}^t - x_{i,j}^t \right) + c_2 r_2 \left(\text{gbest}_{i,j}^t - x_{i,j}^t \right) \quad (2\text{-}10)$$

$$x_{i,j}^{t+1} = x_{i,j}^t + v_{i,j}^{t+1} \quad (2\text{-}11)$$

粒子群优化算法对于很多极值和非线性的复杂问题都能做到很好的处理，因此，它的应用已经拓展到了很多领域，包括三维晶体结构、二维层状结构和团簇结构的预测，这些技术也被成功地整合在 CALYPSO 软件包中[100]。2.3.2 小节将对 CALYPSO 软件包进行一个简单的介绍。

2.3.2 CALYPSO 软件包

在凝聚态物理与计算材料学的交叉前沿，晶体结构预测始终是破解物质奥秘的核心挑战。传统实验试错法受限于合成路径的不确定性与极端条件实现的复杂性，而基于密度泛函理论（DFT）的逆向设计方法又因势能面搜索维度灾难陷入瓶颈。吉林大学马琰铭教授团队开发的 CALYPSO（crystal structure analysis by particle swarm optimization）软件包，通过融合群体智能算法与量子力学计算，开创了晶体结构预测的"全局搜索-局域精修"新范式[30]。其核心算法是将粒子群优化（PSO）的群体协同机制与遗传算法的变异策略相结合，构建多维势能面上的智能导航系统。每个粒子不仅携带晶体结构的全息信息（包括晶格矢量、原子坐标、空间群对称性），更通过历史最优位置记忆与群体信息共享，实现解空间的高效遍历[101-102]。这种仿生学设计巧妙地规避了传统蒙特卡洛方法易陷入局部极值的缺陷，在 10^{20} 量级的构型空间中，CALYPSO 软件包将结构搜索效率提升了 3 个数量级。

CALYPSO 软件包的工作流程体现了多尺度优化的精妙设计。在初始结构生成阶段，软件包采用对称性约束的随机采样策略，通过 Wyckoff 位置分析与原子置换操作，确保初始种群覆盖所有可能的空间群类型（从三斜晶系到立方晶系）。在局域优化环节，软件包调用 VASP 或 Quantum Espresso 等第一性原理计算引擎，采用投影缀加波（PAW）赝势对每个候选结构进行能量最小化，其收敛标准严格控制在力阈值 <0.01 eV/Å[103]。进化迭代过程中，软件包引入自适应变异算子，当种群多样性指数低于临界值时，对高能结构施加晶格畸变（剪切应变 $\varepsilon>5\%$）与原子位置扰动（位移量 $\delta>0.3$Å），有效避免早熟收敛。特别值得关注的是其独创的结构指纹识别技术：通过将原子径向分布函数（RDF）与键角分布（ADF）编码为 128 维特征向量，构建晶体结构的"基因图谱"，利用余弦相似度阈值（$\theta<5°$）

剔除冗余构型，使计算资源集中投向真正新颖的结构区域[104]。

CALYPSO 软件包的核心算法采用粒子群优化算法，并结合遗传算法等多种智能优化策略，致力于解决晶体结构预测这一极具挑战性的问题[105-107]。其算法设计巧妙地将粒子群优化算法中粒子的运动与晶体结构的搜索空间相关联。如同在粒子群优化算法中粒子在解空间中不断调整位置以寻求最优解，在 CALYPSO 软件包中，粒子的位置对应着晶体结构的不同参数组合，包括原子坐标、晶格常数等。通过粒子间的协作与信息共享机制，模拟晶体结构在可能的构型空间中进行探索，逐步收敛到能量最低的稳定晶体结构。其工作流程主要分为四步：第一步，根据给定的压力、温度、化学配比及晶胞大小等参数，随机产生受对称性限制的初始结构；第二步，对初始结构进行局域优化，确保每一代所预测结构的能量局域最小；第三步，选取一定比例的较低能量结构，应用粒子群优化算法产生下一代结构，另外选取一部分能量较高的结构，用随机的方法产生下一代，并通过结构相似性判据排除相似结构；第四步，利用不断循环迭代，直到收敛，结构预测结束[108]。CALYPSO 软件包的工作流程如图 2-1 所示。

该软件包的功能优势在极端条件材料预测中展现得尤为显著。在高压相变研究领域，CALYPSO 软件包成功预测出多个颠覆性结构。例如：在 300 GPa 压强下发现的 $P6_3/mmc$ 对称性 BC_2N 超硬相，其计算维氏硬度（98 GPa）与实验合成值偏差小于 5%[109]；在对金属氢的模拟中，软件包捕捉到 $Cmca$-12 相在 400 GPa 下的动态稳定性，其理论计算的超导临界温度（T_a=280 K）为实验观测提供了关键指引[7]。这些突破源于算法对高压效应的独特处理，即在势能面计算中引入准谐近似（QHA）修正声子软化效应，同时通过可变晶胞形状优化（允许晶格参数比变化±20%）适应高压下的各向异性压缩。

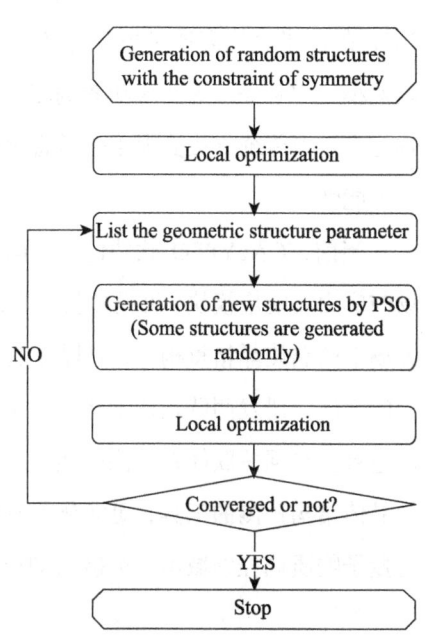

图 2-1 CALYPSO 软件包的工作流程

与主流计算工具的深度融合是 CALYPSO 软件包区别于同类软件包的核心竞争力。其模块化架构支持与多种量子力学计算引擎的无缝对接：通过与 ABINIT 联用实现 GW 近似修正的带隙预测，结合 PHONOPY 进行声子谱计算以评估动力学稳定性，调用 LAMMPS 完成百万原子级分子动力学模拟。更引人注目的是近期集成的机器学习势函数接口：采用 DeePMD 框架训练的高精度势能模型，将单次结构优化的耗时从小时级压缩至分钟级，使高通量筛选百万量级候选结构成为可能[110]。这种"AI for Science"的范式革新，已在热电材料筛选中取得显著成效：通过对 3 000 种硅化物的快速扫描，发现 ZrSiS 型结构的 ZT 值可达 3.2，远超传统最优值。

在用户交互层面，CALYPSO 软件包的设计哲学体现着"复杂问题简单化"的智慧。其图形化前处理模块采用拓扑约束引导的输入方式，用户仅需拖拽元素符号至晶胞框架，系统即自动生成满足化学计量比的初始配置。后处理可视化工具不仅支持三维电子密度分布、费米面等常规分析，更开创性地引入虚拟现实（VR）交互模式。研究者可"浸入"晶体内部观察特定晶面的位错运动轨迹，或通过手势操作实时调整布里渊区取样路径。这种沉浸式分析手段，在帮助研究者理解复杂缺陷结构（如层错四面体、弗兰克位错环）的演化机制中展现出独特优势。

软件包的实际应用已催生诸多突破性成果。在超导材料领域，CALYPSO 软件包指导设计的 LaH_{10} 笼型结构在 170 GPa 压强下被证实具有近室温超导性（T_c=250 K），其预测的费米面嵌套特征与实验测量的超流密度高度吻合[111]。在拓扑量子材料方向，软件包预测的 $TaSi_2$ 外尔半金属态通过角分辨光电子能谱（ARPES）验证，其贝里曲率分布与理论模拟误差小于 2%[112]。这些成功案例印证了 CALYPSO 软件包在解决"逆向设计难题"中的卓越能力。当传统方法受限于化学直觉时，该软件包通过全局搜索揭示了超越人类经验的结构可能性。

当前，CALYPSO 软件包正在向多物理场耦合预测拓展。其最新 4.0 版本集成了电磁场与应力场响应模块，可模拟材料在外加场中的结构演化。例如，预测 FeSe 超导体在 15 T 磁场下的涡旋晶格重构，或硅烯在双轴应变下的拓扑相变[113]。展望未来，随着量子计算硬件的突破，研发团队正探索将变分量子本征求解器（VQE）嵌入优化流程，CALYPSO 软件包有望在强关联体系预测中实现指数级加速。这种持续创新使 CALYPSO 软件包不仅成为晶体结构预测的工具，更演化为凝聚态物理研究的智能平台，推动人类在材料基因工程与量子物质调控领域不断突破认知边界。

2.4 量化软件包简介

VASP（vienna ab-initio simulation package）是由维也纳大学研究团队开发的一款基于密度泛函理论（DFT）的高精度计算工具，专注于固态体系与材料科学的复杂问题求解。其核心算法采用平面波基组描述电子波函数，并引入投影缀加波（PAW）方法精确处理原子核与价电子间的相互作用，显著提升了计算效率与可靠性。该软件包支持多维度物性分析，包括电子能带分布、态密度特征、晶体结构优化、分子动力学模拟以及自旋轨道耦合效应等，尤其擅长表界面体系与缺陷态的理论研究。通过并行化架构设计，VASP 可高效利用高性能计算集群资源，已成为凝聚态物理与材料设计领域的标杆性工具。

作为开源第一性原理计算平台，Quantum Espresso 基于 GNU 通用公共许可协议（GPL）发布，允许用户自由定制代码以适应多样化研究需求。其计算框架同样依托平面波基组与赝势技术，除支持标准模守恒赝势外，还兼容超软赝势以降低计算成本。该平台采用模块化设计，核心功能由独立程序单元实现。例如，PW 模块处理基态电子结构，PH 模块分析晶格振动，CP 模块模拟分子动力学过程。这种灵活架构不仅便于功能扩展，还能根据具体问题优化计算流程，为复杂体系的跨尺度模拟提供了高效解决方案。

Wannier90 工具专注于构建最大局域化 Wannier 函数（macimally-localised wannier functions），通过实空间局域化方法重构电子态信息，为揭示化学键合机制、载流子迁移特性等关键问题提供直观物理图像。与传统倒空间分析相比，MLWF 能够直接关联电子态与原子尺度结构特征，成为连接第一性原理计算与紧束缚模型的重要桥梁。Wannier90 与主流 DFT 软件（如 VASP、Quantum Espresso）深度兼容，可无缝提取波函数数据并生成紧束缚参数，广泛应用于拓扑材料分析、输运性质预测及多体效应研究中。

EPW（electron-phonon Wannier）是基于 Quantum Espresso 与 Wannier90 的扩展工具包，专门用于高精度求解电子-声子相互作用及其衍生效应。其核心技术结合 Wannier 插值法与第一性原理计算，显著降低了电声耦合矩阵元的计算复杂度，使得大规模体系的超导临界温度预测、热电系数评估成为可能。EPW 可量化声子线宽、Eliashberg 谱函数等关键参数，并能分析费米面嵌套效应对磁性或超导序参量的影响。通过整合电子能带与晶格动力学信息，EPW 为强关联体系与功能材料的设计提供了重要的理论支撑。

第 3 章　Rh—Si 体系的结构和物性

本章系统地研究了 Rh—Si 体系的结构特点、稳定性、物理性质及硬度，采用粒子群优化算法结合第一性原理计算，揭示了其结构-性能关系。通过 CALYPSO 软件包的全局结构搜索，结合 CASTEP 软件包的第一性原理计算，本章确定了零压下 $Rh_2Si(Pnma)$、$Rh_5Si_3(Pbam)$、$RhSi(Pnma)$ 及新型结构 $Rh_4Si_5(P2_1/m)$ 的稳定存在。声子谱计算显示，所有组分的低能结构均无虚频，验证了其动力学稳定性；弹性常数满足正交与单斜晶系的力学稳定性判据，其中，Rh_4Si_5 的剪切模量与杨氏模量显著高于其他相，预示其优异的力学性能。电子结构分析揭示，所有稳定相均呈现金属性，费米能级附近态密度主要由 Rh 4d 与 Si 3p 轨道杂化贡献，形成强共价键。特别地，Rh_4Si_5 的电子局域函数（ELF）证实了其共价键特征，且键长分布与键级计算表明其键合强度介于 RhSi 与 Si 单质之间。基于高发明硬度模型的计算显示，Rh_4Si_5 的维氏硬度达 20.1 GPa，较单质硅提升近一倍，其高硬度源于高密度的强共价键网络与优化的弹性模量组合。本章研究进一步探讨了弹性模量与硬度的关联机制，通过探讨 Rh_4Si_5 的 B/G 与泊松比发现，其兼具延展性和共价键主导的力学响应。该体系的硬度随 Si 含量的增加呈现递增趋势，与键长缩短及配位数增加密切相关。本章研究不仅拓展了 Rh—Si 体系的相图认知，还为新型硬质材料的设计提供了理论依据。

3.1　研　究　背　景

过渡金属硅化物作为无机固体材料体系中极具特色的分支，其独特的晶体结构与电子特性源于过渡金属 d 轨道与硅 sp 杂化轨道之间的复杂相互作用[114-116]。这类材料通常呈现高熔点（普遍超过 2 000 ℃）[117]、优异的高温抗氧化性（如 $MoSi_2$ 在 1 600 ℃空气中形成自愈合 SiO_2 保护层）[118-120]，以及特殊的电输运行为（如 β-$FeSi_2$ 的半导体特性[121-122]与 $TaSi_2$ 的拓扑表面态[123-124]），这些性质与其内在的化学键特征密切相关。在典型金属硅化物如 Mo_5Si_3 中，Mo—Mo 金属键、Mo—Si 共价键与 Si—Si 共价键形成三维网络[125]，使得材料兼具金属的延展性与陶瓷的耐蚀性[126]。这种多键协同的键合模式导致过渡金属硅化物在极端环境下展现出卓越的性能稳定性[127]，例如，WSi_2作为扩散阻挡层在集成电路中可承受1 000 ℃以上的快速退火过程[128-129]，其与硅衬底的热膨胀系数失配率小于2%[130]，有效抑制了界面空洞的形成[131-132]。

在航空航天领域，Nb—Si基超合金的研发标志着过渡金属硅化物应用的巅峰。通过引入定向凝固技术构筑的Nb/Nb_5Si_3共晶复合材料，其高温强度在1 200 ℃下仍保持800 MPa，比传统镍基合金提升近3倍[133-134]。这种性能突破源于硅化物相的高温稳定性，Nb_5Si_3的层状结构在[001]方向具有极强的共价键网络，其解理能高达12 J/m^2，而金属Nb相则通过位错滑移机制吸收冲击能量[135-136]。近期研究发现，微量Re元素的添加可诱导硅化物相中形成纳米级Nb_3Si析出物，通过Orowan强化机制将材料蠕变寿命延长至2 000 h以上[137-138]。与此同时，硅化物的抗氧化涂层技术也在持续革新，例如，在Mo—Si—B体系中引入梯度复合结构，表面富硅层在氧化过程中生成致密硼硅玻璃层，将氧扩散系数压制至10^{-14} cm^2/s量级，使材料在1 700 ℃氧化环境下的寿命突破500 h[139-140]。

在电子器件领域，过渡金属硅化物与硅基工艺的天然兼容性使其成为后摩尔时代的重要候选材料。PtSi/Si肖特基结因其接近理想的势垒高度（0.85 eV）和低界面态密度（<10^{10} $cm^{-2}\cdot eV^{-1}$），被广泛应用于太赫兹检测器的核心部件[141-142]。而$CoSi_2$纳米线凭借其高达1500 cm^2/Vs的载流子迁移率，已成为三维集成电路中垂直互连结构的理想选择[143-144]。近年来，突破性进展体现在拓扑硅化物领域。理论方面，研究者预测$TaSi_2$可能具有外尔半金属特性，其动量空间中的外尔点对数量可通过应变调控实现从4到8的跃变，这为开发电场可调的量子输运器件提供了新思路[145-146]。实验方面，利用分子束外延技术在Si(111)衬底上生长的单晶$TaSi_2$薄膜，研究者已观测到量子反常霍尔效应的特征平台，其纵向电阻率在零磁场下趋近于零，标志着拓扑电子学应用的重大进展[147-148]。

在众多过渡金属硅化物中，铑硅化合物体系因其特殊的物理化学行为备受关注。作为4d过渡金属，铑的电子结构兼具高电负性（2.28 Pauling标度）与未填满的d轨道（$4d^85s^1$），使其与硅的键合呈现独特的杂化特征。研究表明，铑原子在硅基体中的扩散激活能仅为1.2 eV，比同周期的钯低0.3 eV，这种高迁移率源于Rh 4d轨道与Si 3p轨道形成的共振杂化态，显著降低了原子跳跃的势垒[149]。这种特性导致铑在硅中极易形成亚稳态化合物，例如，通过快速退火工艺可制备出非晶态$RhSi_2$，其在退火过程中向晶态转变的动力学过程展现出反常的两阶段特征——初期遵循Johnson-Mehl-Avrami模型（$n=1.5$），后期转变为界面控制生长机制（$n=0.8$）[150]。理论计算揭示，这种转变与Rh—Si键的极性变化密切相关。在非晶态中，Rh—Si 键具有更强的离子性（电荷转移量 ΔQ=0.35e），而晶化过程中逐渐向共价键（ΔQ=0.18e）过渡[151]。在应用层面，铑硅化合物的高催化活性（如 RhSi 在 CO 氧化反应中的转换频率达 5.6×10^{-3} s^{-1}）与抗中毒特性，使其成为新一代汽车尾气净化催化剂的潜力材料[152]。

目前，Rh_2Si，Rh_5Si_3 和 RhSi 已通过实验合成，且研究者已对其相关的晶体结构及物理性质进行了大量的研究[153-155]。Engström 等对铑硅化合物的富铑体系进行了详细的 X 射线粉末和晶体衍射实验，并确定了 Rh_2Si 和 Rh_5Si_3 的晶体结构。Finnie 和 Searcy[155]报道了当铑硅比例为 1:3，且保持 1 200 ℃持续加热 1 h，再保持 1 550 ℃持续加热 30 min 后，即可利用 X 射线衍射实验得到 CsCl 型结构的 RhSi。为了研究 Si 对于化学组成及结晶度的影响，Marot 等[153]利用 X 射线衍射、紫外光电子能谱和扫描电子显微镜等技术对室温下铑硅薄膜上的 Rh_2Si，Rh_5Si_3，RhSi 和 Rh_3Si_4 进行了系统的比较。结果显示，300 ℃时形成 Rh_2Si，500~600 ℃时形成 Rh_5Si_3，800~900 ℃时形成 Rh_5Si_3 和 RhSi。为了进一步了解铑硅化合物，Niranjan[156]报道了立方和正交结构的 RhSi 的结构特点、电子性质和弹性性质。他发现在两种结构中由于 Rh 的 $4d$ 态和 Si 的 $3p$ 态电子的杂交，导致它们中都存在着很强的三中心键 Rh—Si—Rh。然而，关于铑硅化合物的性质还存在几处疑惑：①对于铑硅化合物，除了已经被实验发现的结构，是否还存在其他的稳定结构？②它们的结构特点和力学性质是什么样呢？③这些结构呈现金属性还是绝缘性？

针对这些问题，我们利用基于粒子群优化算法的 CALYPSO 方法结合第一性原理计算，系统地研究了不同组分的铑硅化合物的结构特点和物理性质。首先，我们利用粒子群优化算法确定不同组分的铑硅化合物的结构；其次，重新优化这些结构，并对它们的结构特点进行详细的分析；再次，利用密度泛函理论，通过对它们的形成焓及动力学稳定性进行测试确定它们是否能被实验合成；最后，我们分析了它们的电子性质和硬度特点。

3.2 计 算 方 法

利用从头算总能计算和粒子群优化算法相结合的 CALYPSO 软件包[100, 157]，我们对 Rh—Si 体系进行结构预测。CALYPSO 软件包最大的优点是只需要给出研究体系的化学配比和存在条件（比如温度和压强等），便可以准确地预测它的基态结构。到目前为止，利用 CALYPSO 软件包已经成功预测出实验发现的单质、二元和三元体系的晶体结构[158-160]。在环境压力下，我们对 Rh—Si 体系进行了 1~4 倍胞的结构预测。通过预测得到的各个配比的所有结构信息总结在表 3-1 中。晶体结构优化是基于密度泛函理论的 CASTEP 软件包进行计算的，其中，电子关联函数采用基于广义梯度近似的 Perdew-Burke-Ernzerhof 函数[80, 83, 161]。$4d^85s^1$ 和 $3s^23p^2$ 分别为 Rh 和 Si 的价电子组态。我们选取的平面波截断能为 500 eV，且布里渊区的取点方式采取 Monkhorst-Pack 方式[162]来保证能量的收敛值为 1 meV/atom。声子色散曲线的计算采取有限位移方法，通过 PHONOPY 计算软件实现[163]。

表 3-1　Rh—Si 体系的形成焓 ΔH、晶格常数、体积 V 和密度 ρ

phase	space group	ΔH/eV	a/Å	b/Å	c/Å	V/Å^3	ρ/(g·cm^{-3})
Rh$_3$Si	C2/m	−0.55	8.06	7.47	5.49	14.06	9.94
	Pnma	−0.56	5.36	7.99	5.27	14.12	9.90
	I4/mcm	−0.55	5.50	5.50	5.50	14.10	9.92
	Pm-3m	−0.38	3.84	3.84	3.87	14.11	9.91
	Fm-3m	−0.25	6.12	6.12	6.12	14.30	9.77
Rh$_5$Si$_2$	P4$_1$2$_1$2	−0.51	9.53	9.53	8.80	14.25	9.50
Rh$_2$Si	Pnma	−0.82	5.58	3.99	7.40	13.72	9.44
	I4/mmm	−0.78	4.01	4.01	5.62	15.02	8.62
	P-3m1	−0.65	4.19	4.19	4.19	13.81	9.37
	P6$_3$22	−0.65	4.18	4.19	5.46	13.82	9.37
	P-62m	−0.11	7.66	7.66	2.81	15.87	8.16
	P6$_3$/mmc	−0.65	4.19	4.19	5.46	13.82	9.37
Rh$_5$Si$_3$	Pbam	−0.86	5.45	10.32	3.90	13.72	9.06
	P6$_3$/mcm	−0.44	7.39	7.39	4.99	14.78	8.41
	Ia-3d	−0.44	8.40	8.40	8.40	14.24	8.73
Rh$_3$Si$_2$	Cmc2$_1$	−0.68	13.29	11.43	7.50	14.25	8.50
RhSi	P2$_1$/c	−0.88	4.63	4.62	5.64	13.66	7.96
	Pnma	−0.91	5.60	3.11	6.45	14.05	7.74
	P2$_1$3	−0.88	4.70	4.73	4.73	13.26	7.40
	Pm-3m	−0.63	2.90	2.90	2.99	13.34	8.15
Rh$_4$Si$_5$	P2$_1$/m	−0.82	12.47	3.55	6.01	14.53	7.01
Rh$_3$Si$_4$	Pnma	−0.56	20.57	4.45	4.50	14.71	6.79
Rh$_2$Si$_3$	Pbcn	−0.61	10.58	9.09	6.03	14.50	6.65
	P-4c2	−0.56	5.69	5.69	8.99	14.58	6.61
	P6$_3$/mmc	−0.62	3.76	3.76	12.52	15.36	6.27
Rh$_3$Si$_5$	P2$_1$/c	−0.65	6.48	14.24	11.64	14.99	6.22
RhSi$_2$	Cmce	−0.55	6.98	6.98	8.09	15.46	5.70
	P4/mmm	−0.42	2.93	2.93	5.25	15.08	5.84
	Fm-3m	−0.55	5.71	5.71	5.71	15.49	5.68
RhSi$_3$	P6$_3$mc	−0.03	4.81	4.81	6.36	15.95	4.87
	P6$_3$/mmc	−0.02	4.36	4.36	7.44	15.30	5.08

3.3 结果与讨论

3.3.1 Rh—Si 体系的结构特点

为了探索 Rh_xSi_y 的潜在的稳定结构，我们首先聚焦于实验上已有的化学组分 Rh_2Si、Rh_5Si_3 和 $RhSi$ 的结构，在只给出其化学配比和相应压强的条件下，用 CALYPSO 软件包进行结构搜索。经过预测结果的分析，我们证实了以往实验中得到的结构 Rh_2Si (*Pnma*)、Rh_5Si_3 (*Pbam*) 和 $RhSi$ (*P2_1/c*、*Pnma*、*P$2_1$3*、*Pm-3m*)。这说明用此方法预测过渡金属硅化物稳定结构是适用的。各个组分最低能量结构的信息，以及现有的实验值和理论值列在表 3-2 和表 3-3 中。Rh—Si 体系的各个结构的稳定性可以通过凸包图得到。凸包图由各个组分的最低能量结构对应的平均到每个原子的形成焓组成。形成焓公式如下：

$$\Delta H = \left[E(Rh_xSi_y) - xE(Rh) - yE(Si) \right] / (x+y) \tag{3-1}$$

表 3-2 Rh—Si 体系各个配比最低能量结构的形成焓、晶格常数、体积和密度

phase	space group	ΔH/eV	a/Å	b/Å	c/Å	V/Å^3	ρ/(g·cm^{-3})
Rh_3Si	*Pnma*	−0.56	5.36	7.99	5.27	14.12	9.90
Rh_5Si_2	*P4_12_12*	−0.51	9.53	9.53	8.80	14.25	9.50
Rh_2Si	*Pnma*	−0.82	5.58	3.99	7.40	13.72	9.44
			5.41[154]	3.93[154]	7.38[154]		
Rh_5Si_3	*Pbam*	−0.86	5.45	10.32	3.90	13.72	9.06
			5.32[154]	10.13[154]	3.90[154]		
Rh_3Si_2	*Cmc2_1*	−0.68	13.29	11.43	7.50	14.25	8.50
RhSi	*Pnma*	−0.91	5.60	3.11	6.45	14.05	7.74
			5.56[165]	3.70[165]	6.38[165]		
			5.60[166]	3.11[166]	6.45[166]		
Rh_4Si_5	*P2_1/m*	−0.82	12.47	3.55	6.01	14.53	7.01
Rh_3Si_4	*Pnma*	−0.56	20.57	4.45	4.50	14.71	6.79
Rh_2Si_3	*P6_3/mmc*	−0.62	3.76	3.76	12.52	15.36	6.27
Rh_3Si_5	*P2_1/c*	−0.65	6.48	14.24	11.64	14.99	6.22
$RhSi_2$	*Cmce*	−0.55	6.98	6.98	8.09	15.46	5.70
$RhSi_3$	*P6_3mc*	−0.03	4.81	4.81	6.36	15.95	4.87

表 3-3 Rh—Si 体系各个配比最低能量结构的原子占位

phase	space group	atom	positions(x, y, z)		
			x	y	z
Rh$_3$Si	Pnma	Rh1(8d)	0.181 8	0.022 7	0.314 3
		Rh2(4c)	0.000 7	0.250 0	0.953 8
		Si1(4c)	0.944 1	0.250 0	0.488 2
Rh$_5$Si$_2$	P4$_1$2$_1$2	Rh1(8b)	0.442 1	0.168 7	0.359 3
		Rh2(8b)	0.172 2	0.221 1	0.171 0
		Rh3(8b)	0.388 6	0.424 4	0.181 4
		Rh4(8b)	0.381 6	0.029 2	0.061 5
		Rh5(4a)	0.162 2	0.162 2	0.500 0
		Rh6(4a)	0.429 1	0.429 1	0.500 0
		Si1(8b)	0.501 6	0.250 4	0.043 3
		Si2(8b)	0.388 5	0.205 7	0.618 7
Rh$_2$Si	Pnma	Rh1(4c)	0.843 3	0.250 0	0.071 3
		Rh2(4c)	0.975 5	0.250 0	0.692 7
		Si1(4c)	0.273 5	0.250 0	0.105 6
Rh$_5$Si$_3$	Pbam	Rh1(2c)	0.000 0	0.500 0	0.000 0
		Rh2(4g)	0.160 6	0.212 0	0.000 0
		Rh3(4h)	0.333 0	0.393 1	0.500 0
		Si1(4h)	0.408 2	0.155 8	0.500 0
		Si2(2a)	0.000 0	0.000 0	0.000 0
Rh$_3$Si$_2$	Cmc2$_1$	Rh1(4)	0.290 2	0.056 2	0.518 0
		Rh2(4)	0.291 2	0.053 4	0.900 0
		Rh3(4)	0.443 9	0.049 5	0.217 0
		Rh4(4)	0.679 9	0.315 1	0.225 0
		Rh5(2)	0.000 0	0.000 0	0.000 0
		Rh6(2)	0.234 5	0.234 5	0.024 0
		Rh7(2)	0.233 0	0.233 0	0.400 0
		Rh8(2)	0.381 4	0.381 4	0.714 0
		Si1(4)	0.179 0	0.061 0	0.214 0
		Si2(4)	0.486 0	0.182 0	0.506 0
		Si3(4)	0.494 0	0.192 0	0.920 0
		Si4(2)	0.157 0	0.157 0	0.712 0
		Si5(2)	0.409 0	0.409 0	0.218 0
RhSi	Pnma	Rh1(4c)	0.002 9	0.250 0	0.203 2
		Si1(4c)	0.184 9	0.250 0	0.556 1
Rh$_4$Si$_5$	P2$_1$/m	Rh1(2e)	0.049 9	0.250 0	0.209 1
		Rh2(2e)	0.273 1	0.250 0	0.107 0
		Rh3(2e)	0.500 1	0.250 0	0.299 4
		Rh4(2e)	0.730 8	0.250 0	0.286 6

续表

phase	space group	atom	positions(x, y, z)		
			x	y	z
		Si1(2e)	0.635 0	0.250 0	0.638 5
		Si2(2e)	0.422 1	0.250 0	0.893 3
		Si3(2e)	0.223 7	0.250 0	0.464 9
		Si4(2e)	0.922 9	0.250 0	0.487 6
		Si5(2e)	0.139 5	0.750 0	0.979 0
Rh$_3$Si$_4$	Pnma	Rh1(4c)	0.048 6	0.250 0	0.523 9
		Rh2(4c)	0.213 6	0.250 0	0.046 4
		Rh3(4c)	0.365 1	0.250 0	0.260 6
		Si1(4c)	0.169 0	0.250 0	0.550 0
		Si2(4c)	0.438 4	0.250 0	0.209 6
		Si3(4c)	0.438 4	0.250 0	0.209 6
		Si4(4c)	0.408 9	0.750 0	0.513 7
Rh$_2$Si$_3$	P6$_3$/mmc	Rh1(4f)	0.333 3	0.666 6	0.139 1
		Si1(4f)	0.333 3	0.666 6	0.942 3
		Si2(2b)	0.000 0	0.000 0	0.250 0
Rh$_3$Si$_5$	P2$_1$/c	Rh1(4e)	6.478 0	14.239 2	11.635 1
		Rh2(4e)	0.564 2	0.594 4	0.396 1
		Rh3(4e)	0.951 7	0.752 5	0.244 6
		Rh4(4e)	0.083 3	0.955 3	0.272 2
		Rh5(4e)	0.229 7	0.666 7	0.132 1
		Rh6(4e)	0.233 4	0.834 5	0.994 0
		Si1(4e)	0.927 9	0.843 3	0.069 2
		Si2(4e)	0.745 6	0.489 0	0.575 9
		Si3(4e)	0.864 8	0.610 4	0.329 2
		Si4(4e)	0.328 9	0.943 3	0.164 8
		Si5(4e)	0.856 5	0.612 3	0.108 7
		Si6(4e)	0.351 9	0.935 5	0.508 6
		Si7(4e)	0.949 5	0.648 1	0.906 8
		Si8(4e)	0.254 7	0.987 9	0.705 0
		Si9(4e)	0.377 0	0.750 4	0.854 8
		Si10(4e)	0.552 4	0.777 7	0.196 5
RhSi$_2$	Cmce	Rh1(8d)	0.250 1	0.000 0	0.500 0
		Rh2(8f)	0.500 0	−0.246 4	0.253 4
		Si1(16g)	0.124 8	−0.249 8	0.497 7
		Si2(16g)	0.374 5	0.002 5	0.249 9
RhSi$_3$	P6$_3$mc	Rh1(2b)	0.333 3	0.666 6	0.252 2
		Si1(6c)	0.833 3	0.166 6	0.082 2

原则上任何一种结构的形成焓只要位于凸包图上,我们就认为它是可以被合成的[164]。如图 3-1 所示,在环境压力下,凸包由 Rh$_2$Si(*Pnma*)、Rh$_5$Si$_3$(*Pbam*)、RhSi(*Pnma*)和 Rh$_4$Si$_5$(*P*2$_1$/*m*)组成,说明这些结构是可以在环境压力下稳定存在的。凸包图上的稳定结构如图 3-2 和图 3-3(a)所示,其他组分的结构如图 3-4 所示。

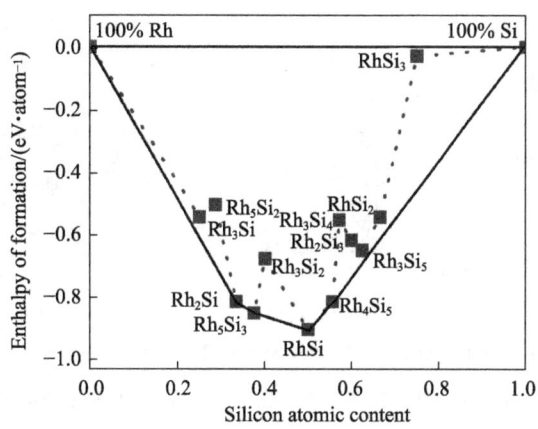

图 3-1　零压下相对于 Rh 和 Si 单质的 Rh—Si 体系的形成焓

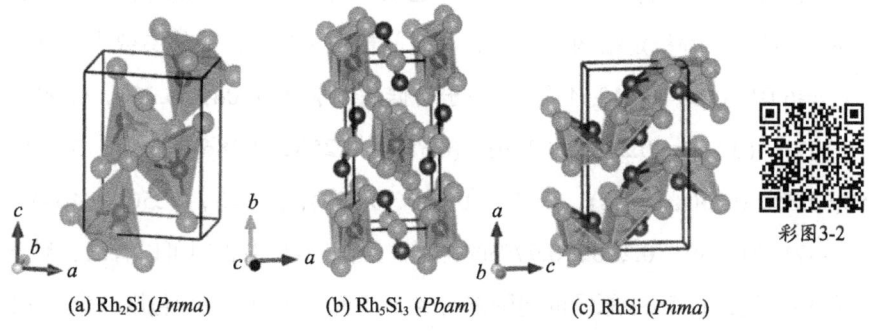

(a) Rh$_2$Si (*Pnma*)　　(b) Rh$_5$Si$_3$ (*Pbam*)　　(c) RhSi (*Pnma*)

图 3-2　Rh—Si 体系的 Rh$_2$Si(*Pnma*)、Rh$_5$Si$_3$(*Pbam*)和 RhSi(*Pnma*)的结构

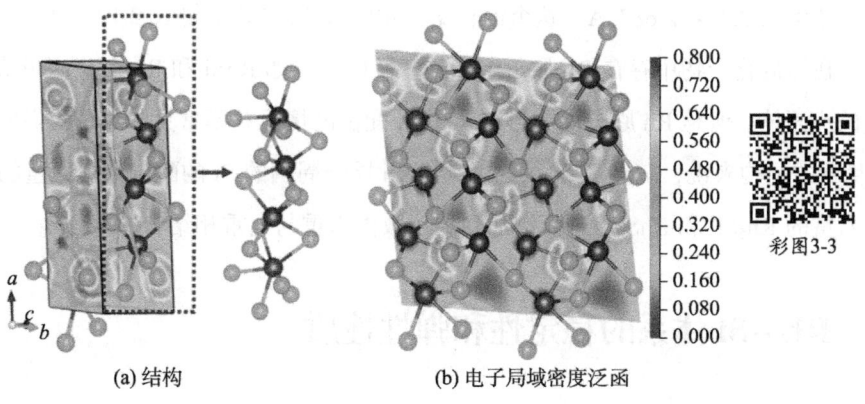

(a) 结构　　(b) 电子局域密度泛函

图 3-3　Rh$_4$Si$_5$(*P*2$_1$/*m*)的结构及电子局域密度泛函

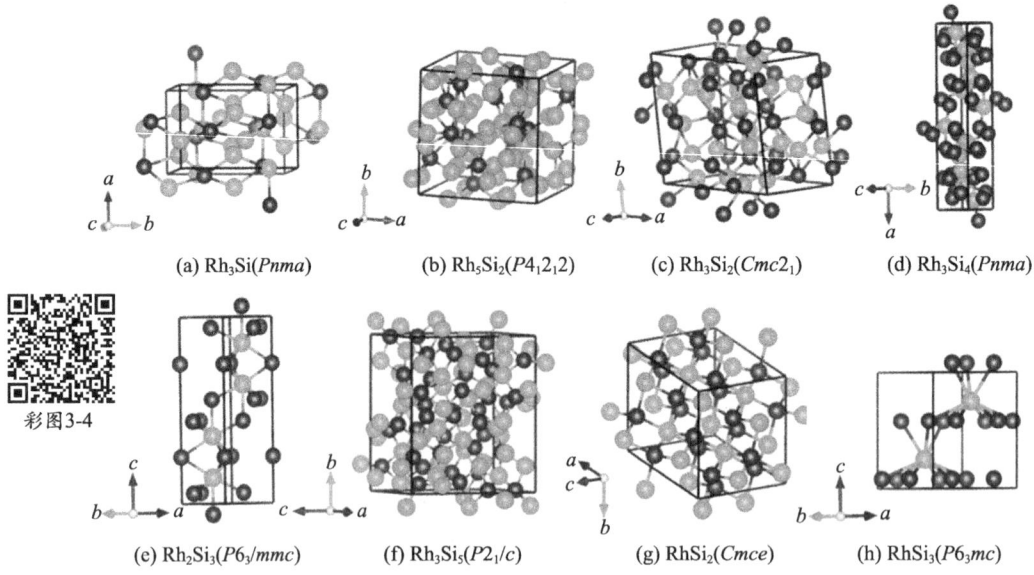

(a) Rh₃Si(*Pnma*)　(b) Rh₅Si₂(*P4₁2₁2*)　(c) Rh₃Si₂(*Cmc2₁*)　(d) Rh₃Si₄(*Pnma*)

(e) Rh₂Si₃(*P6₃/mmc*)　(f) Rh₃Si₅(*P2₁/c*)　(g) RhSi₂(*Cmce*)　(h) RhSi₃(*P6₃mc*)

图 3-4　Rh—Si 体系的 Rh₃Si(*Pnma*)、Rh₅Si₂(*P4₁2₁2*)、Rh₃Si₂(*Cmc2₁*)、Rh₃Si₄(*Pnma*)、Rh₂Si₃(*P6₃/mmc*)、Rh₃Si₅(*P2₁/c*)、RhSi₂(*Cmce*)、RhSi₃(*P6₃mc*) 的结构

通过凸包计算，我们发现除了实验上已证实的 Rh₂Si(*Pnma*)、Rh₅Si₃(*Pbam*) 和 RhSi(*Pnma*)，还有一种稳定结构 Rh₄Si₅，其空间群为 $P2_1/m$，晶格参数为 a=12.47 Å，b=3.55 Å，c=6.01 Å，β=100.1°。4 个 Rh 原子占据晶体学 $2e$(0.049，0.250，0.209)，(0.273，0.250，0.107)，(0.500，0.250，0.299)和(0.730，0.250，0.286)的位置，5 个 Si 原子占据晶体学(0.635，0.250，0.638)，(0.422，0.250，0.893)，(0.223，0.250，0.464)，(0.922，0.250，0.487)和(0.139，0.250，0.979)的位置。从图 3-3 中我们可以看出，对于 Rh₄Si₅ 的 $P2_1/m$ 结构来说，每个 Si 原子的周围都由 4 个或者 6 个 Rh 原子包围，这与 RhSi 的结构 *Pnma* 很相似。有趣的是，每个 Rh 的周围也由 6 个或者 7 个 Si 原子包围，且 Rh—Si 键的键长范围为 2.324~2.687 Å，这个键长比气相的 RhSi 结构的键长 2.12 Å 要长[167]。众所周知，在铑硅化合物中存在 Rh 原子组成的多面体，比如 RhSi 和 Rh₅Si₃ 结构中的 Rh 原子形成的八面体。但是 Rh 原子周围形成 7 个 Si 配位的情况并不常见。对于我们发现的这 4 种最稳定的结构来说，随着 Si 含量的增大，Rh 原子周围的 Si 的配位数由四重的 Rh₂Si，增加到六重的 Rh₅Si₃ 和 RhSi，进而增加到配位数由六重与七重相结合的 Rh₄Si₅。

3.3.2　Rh—Si 体系的稳定性和弹性性质

为了研究这几个结构的动力学稳定性，我们计算了它们的声子谱，如图 3-5 所示。在整个布里渊区没有虚频出现，表明它们都是动力学稳定的。另外，我们在理论上模拟了凸包图上确定的铑硅化合物的稳定结构的 XRD 光谱，并与已有的实验结果进行对比。如图 3-6 所示，基于本章方法模拟的 XRD 光谱与 Engström 等[154]报道的实验结果符合得很好[165]。

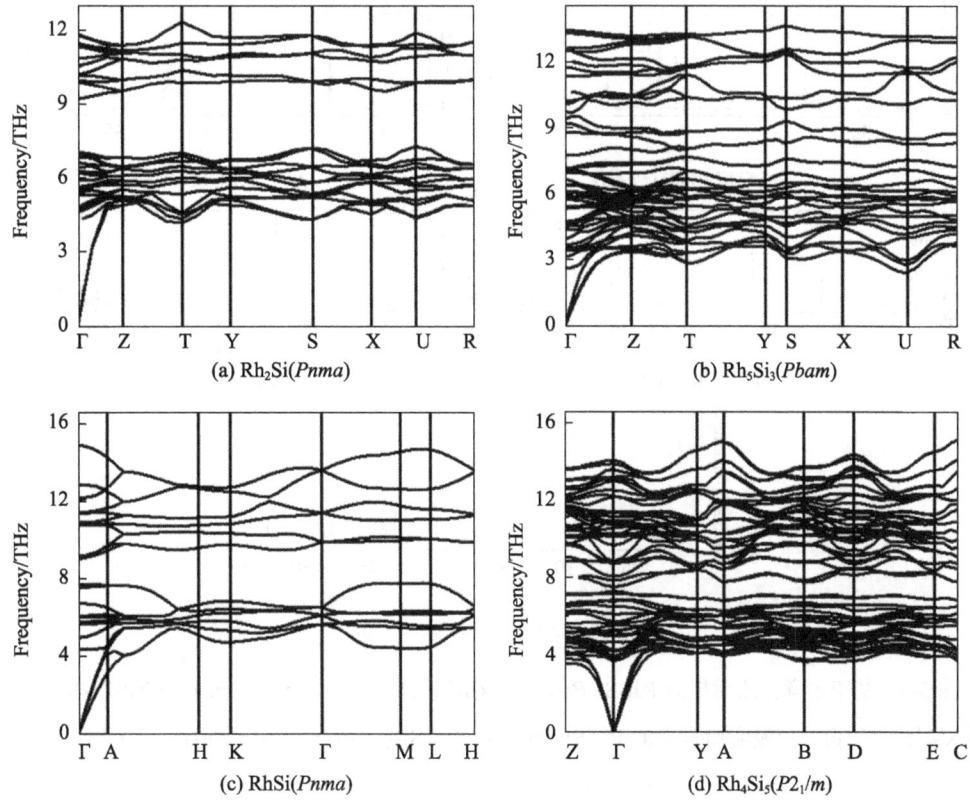

图 3-5　Rh—Si 体系 $Rh_2Si(Pnma)$、$Rh_5Si_3(Pbam)$、$RhSi(Pnma)$和 $Rh_4Si_5(P2_1/m)$的声子谱

应力应变函数与应变作用下的结构内部坐标有关，且弹性常数为应力对应变的导数。因此，为了评估这些稳定结构的力学稳定性，我们通过应力-应变关系计算了它们的弹性常数[168-169]。计算的结果及已报道的理论值和实验值见表 3-4。晶格稳定性要求所有的应变能必须为正值。对于一个满足力学稳定性的晶体来说，它的弹性常数应满足力学稳定性判据。正交晶体拥有 9 个独立项，分别为 C_{11}、C_{22}、C_{33}、C_{44}、C_{55}、C_{66}、C_{12}、C_{13} 和 C_{23}，力学稳定性判据为

$$C_{11} > 0,\ C_{22} > 0,\ C_{33} > 0,\ C_{44} > 0,\ C_{55} > 0,\ C_{66} > 0,$$
$$\left[C_{11} + C_{22} + C_{33} + 2(C_{12} + C_{13} + C_{23})\right] > 0,$$
$$(C_{11} + C_{22} - 2C_{12}) > 0,\ (C_{11} + C_{33} - 2C_{13}) > 0,\ (C_{22} + C_{33} - 2C_{23}) > 0$$

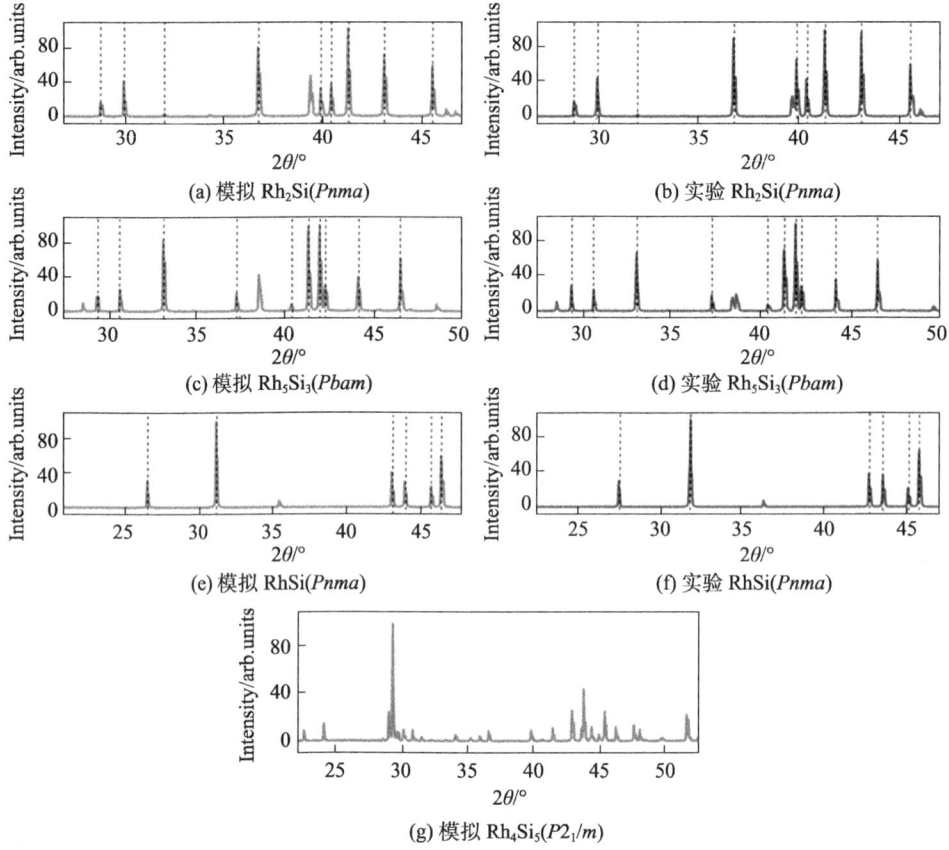

图 3-6 基于本章方法模拟的 $Rh_2Si(Pnma)$、$Rh_5Si_3(Pbam)$、$RhSi(Pnma)$、$Rh_4Si_5(P2_1/m)$ 的 X 射线衍射谱，以及实验报道的 $Rh_2Si(Pnma)$、$Rh_5Si_3(Pbam)$、$RhSi(Pnma)$ 的 X 射线衍射谱

单斜晶体拥有 C_{11}、C_{22}、C_{33}、C_{44}、C_{55}、C_{66}、C_{12}、C_{13}、C_{23}、C_{15}、C_{25}、C_{35} 和 C_{46}，13 个独立项，力学稳定性判据为

$$C_{11} > 0, C_{22} > 0, C_{33} > 0, C_{44} > 0, C_{55} > 0, C_{66} > 0,$$
$$(C_{22} + C_{33} - 2C_{23}) > 0, (C_{33}C_{55} - C_{35}^2) > 0, (C_{44}C_{66} - C_{46}^2) > 0,$$
$$[C_{11} + C_{22} + C_{33} + 2(C_{12} + C_{13} + C_{23})] > 0,$$
$$[C_{22}(C_{33}C_{55} - C_{35}^2) + 2C_{23}C_{25}C_{35} - C_{23}^2C_{55} - C_{25}^2C_{33}] > 0,$$
$$\{2[C_{15}C_{25}(C_{33}C_{12} - C_{13}C_{23}) + C_{15}C_{35}(C_{22}C_{13} - C_{12}C_{23}) + C_{25}C_{35}(C_{11}C_{23} - C_{12}C_{13})] -$$
$$[C_{15}^2(C_{22}C_{33} - C_{23}^2) + C_{25}^2(C_{11}C_{33} - C_{13}^2) + C_{35}^2(C_{11}C_{22} - C_{12}^2)] + C_{55}g\} > 0$$

根据表 3-4 的弹性常数可以得出，所有的稳定结构均满足力学稳定性判据[170]，表明它们是力学稳定的。

表 3-4 Rh—Si 体系稳定结构的弹性常数

独立项	Rh$_2$Si(*Pnma*)	Rh$_5$Si$_3$(*Pbam*)	RhSi(*Pnma*) 实验值	RhSi(*Pnma*) 理论值	Rh$_4$Si$_5$($P2_1/m$)
C_{11}	246.4	268.8	416.2	416.5[22], 417.3[9]	351.3
C_{22}	331.4	256.7	228.7	227.6[22], 230.1[9]	256.5
C_{33}	332.5	357.9	358.0	315.5[22], 359.9[9]	285.0
C_{44}	86.1	102.4	110.2	100.7[22], 116.2[9]	104.5
C_{55}	73.6	124.0	112.8	114.0[22], 114.8[9]	106.4
C_{66}	123.0	91.9	87.7	86.4[22], 95.4[9]	88.9
C_{12}	173.6	164.8	113.8	110.7[22], 130.9[9]	115.7
C_{13}	216.6	185.8	142.2	139.3[22], 145.9[9]	112.3
C_{23}	194.1	184.1	161.6	162.1[22], 165.1[9]	148.6
C_{15}					1.4
C_{25}					4.4
C_{35}					5.8
C_{46}					4.1

注：弹性常数单位为 GPa。

根据 VRH 近似方法[171]，凸包图中的 4 种稳定结构的体弹模量 B、剪切模量 G、杨氏模量 E、泊松比 ν 和德拜温度 Θ_D 的计算公式如下。

对正交晶体来说[172]，

$$B_\mathrm{V} = (1/9)[C_{11}+C_{22}+C_{33}+2(C_{12}+C_{13}+C_{23})] \tag{3-2}$$

$$G_\mathrm{V} = (1/15)[C_{11}+C_{22}+C_{33}+3(C_{44}+C_{55}+C_{66})-(C_{12}+C_{13}+C_{23})] \tag{3-3}$$

$$\begin{aligned}B_\mathrm{R} = \Delta[&C_{11}(C_{22}+C_{33}-2C_{23})+C_{22}(C_{33}-2C_{13})-2C_{33}C_{12}+\\&C_{12}(2C_{23}-C_{12})+C_{13}(2C_{12}-C_{13})+C_{23}(2C_{13}-C_{23})]^{-1}\end{aligned} \tag{3-4}$$

$$\begin{aligned}G_\mathrm{R} = 15\{&4[C_{11}(C_{22}+C_{33}+C_{23})+C_{22}(C_{33}+C_{13})+C_{33}C_{12}-C_{12}(C_{23}+C_{12})-\\&C_{13}(C_{12}+C_{13})-C_{23}(C_{13}+C_{23})]/\Delta+3[(1/C_{44})+(1/C_{55})+(1/C_{66})]\}^{-1}\end{aligned} \tag{3-5}$$

$$\Delta = C_{13}(C_{12}C_{23}-C_{13}C_{22})+C_{23}(C_{12}C_{13}-C_{23}C_{11})+C_{33}(C_{11}C_{22}-C_{12}^2) \tag{3-6}$$

对单斜晶体来说[173]，

$$B_\mathrm{V} = (1/9)[C_{11}+C_{22}+C_{33}+2(C_{12}+C_{13}+C_{23})] \tag{3-7}$$

$$G_\mathrm{V} = (1/15)[C_{11}+C_{22}+C_{33}+3(C_{44}+C_{55}+C_{66})-(C_{12}+C_{13}+C_{23})] \tag{3-8}$$

$$\begin{aligned}B_\mathrm{R} = \Omega[&a(C_{11}+C_{22}-2C_{12})+b(2C_{12}-2C_{11}-C_{23})+c(C_{15}-2C_{25})+\\&d(2C_{12}+2C_{23}-C_{13}-2C_{22})+2e(C_{25}-C_{15})+f]^{-1}\end{aligned} \tag{3-9}$$

$$G_R = 15\{4[a(C_{11}+C_{22}+C_{12})+b(C_{11}-C_{12}-C_{23})+c(C_{15}+C_{25})+ \\ d(C_{22}-C_{12}-C_{23}-C_{13})+e(C_{15}-C_{25})+f]/\Omega + \\ 3[g/\Omega+(C_{44}+C_{66})/(C_{44}C_{66}-C_{46}^2)]\}^{-1} \quad (3\text{-}10)$$

$$a = C_{33}C_{55} - C_{35}^2 \quad (3\text{-}11)$$

$$b = C_{23}C_{55} - C_{25}C_{35} \quad (3\text{-}12)$$

$$c = C_{13}C_{55} - C_{15}C_{33} \quad (3\text{-}13)$$

$$d = C_{13}C_{55} - C_{15}C_{35} \quad (3\text{-}14)$$

$$e = C_{13}C_{25} - C_{15}C_{23} \quad (3\text{-}15)$$

$$g = C_{11}C_{22}C_{33} - C_{11}C_{23}^2 - C_{22}C_{13}^2 - C_{33}C_{12}^2 + 2C_{12}C_{13}C_{23} \quad (3\text{-}16)$$

$$f = C_{11}(C_{22}C_{55}-C_{25}^2) - C_{12}(C_{12}C_{55}-C_{15}C_{25}) + \\ C_{15}(C_{12}C_{25}-C_{15}C_{22}) + C_{25}(C_{23}C_{35}-C_{25}C_{33}) \quad (3\text{-}17)$$

$$\Omega = 2[C_{15}C_{25}(C_{33}C_{12}-C_{13}C_{23})+C_{15}C_{35}(C_{22}C_{13}-C_{12}C_{23}) + \\ C_{25}C_{35}(C_{11}C_{23}-C_{12}C_{13})] + C_{25}C_{35}(C_{11}C_{23}-C_{12}C_{13})] - \\ [C_{15}^2(C_{22}C_{33}-C_{23}^2)+C_{25}^2(C_{11}C_{33}-C_{13}^2)+C_{35}^2(C_{11}C_{22}-C_{12}^2)] + gC_{55} \quad (3\text{-}18)$$

从弹性常数出发，我们可以通过以下公式得到德拜温度：

$$\Theta_D = \frac{h}{k_B}\left(\frac{3nN_A\rho}{4\pi M}\right)^{1/3} v_m \quad (3\text{-}19)$$

其中，h 为普朗克常数，k_B 为玻尔兹曼常数，N_A 为阿伏伽德罗常数，M 为分子质量，ρ 为密度，v_m 为平均声速。v_m 可以通过如下公式求得[165]：

$$v_m = \left[\frac{1}{3}\left(\frac{2}{v_t^3}+\frac{1}{v_l^3}\right)\right]^{-1/3} \quad (3\text{-}20)$$

其中，v_t 和 v_l 分别为横向弹性波波速和纵向弹性波波速，可从通过如下公式求得[163]：

$$v_t = \sqrt{\frac{G}{\rho}}, \quad v_l = \sqrt{\frac{3B+4G}{3\rho}} \quad (3\text{-}21)$$

根据上述公式，凸包图中的 4 种稳定结构的体弹模量 B、剪切模量 G、杨氏模量 E、泊松比 v 和德拜温度 Θ_D 的计算结果见表 3-5。一般来说，体弹模量表征材料抵抗外加载荷时的体积变化能力，剪切模量表征材料阻止外加载荷引起的不同方向的形变，而杨氏模量则是表征纵向抵抗外加载荷能力的物理量[174]。值得注意的是，与其他稳定结构相比，Rh_4Si_5 具有最小的体弹模量和第二大的剪切模量，这表明它最容易被压缩且能最大程度地抵抗剪切应变。为了评估这些结构的延展性，我们计算了它们的 B/G。判断材料呈现易碎性还是延展性的临界值为 1.75，当 B/G 大于 1.75 时，材料呈现延展性，反之，呈现易碎性[175]。很显然，我们所研究的铑硅化合物的 B/G 均大于 1.75，这表明了它们具有延展性。泊松比 v 是表述共价键定向性程度的重要参数，Rh_4Si_5 拥有较小的泊松比，表明它存在较强的共价键。综上所述，Rh_4Si_5 拥有较大的剪切模量和杨氏模量，且有较小的 B/G 和泊松比 v，这预示着它是潜在的硬质材料。另外，在所研究的铑硅化合物中，Rh_4Si_5 还拥有较高的德拜温度，这预示着它具有大的热导率和显微硬度。

表 3-5 Rh—Si 体系稳定结构的体弹模量、剪切模量、杨氏模量、泊松比和德拜温度

参数	Rh_2Si(*Pnma*)	Rh_5Si_3(*Pbam*)	RhSi(*Pnma*) 实验值	RhSi(*Pnma*) 理论值	Rh_4Si_5($P2_1/m$)
B_V	231.0	217.0	204.2	202.2[22], 210.1[9],	182.9
B_R	222.0	209.5	190.2	188.6[22], 196.4[9],	182.0
G_V	78.3	86.9	101.2	99.1[22], 102.9[9],	94.4
G_R	65.4	77.4	93.2	90.9[22], 94.3[9],	89.5
B	226.5	213.2	197.2	195.4[22], 203.3[9],	182.5
G	71.8	82.2	97.2	95.0[22], 98.6[9],	91.9
B/G	3.2	2.6	2.0		2.0
E	194.9	218.4	250.4	254.3[22], 254.7[9],	236.2
v	0.4	0.3	0.3		0.3
v_t	2.8	3.0	3.5		4.7
v_l	5.8	6.0	6.5		8.6
v_m	3.1	3.4	4.0		5.3
Θ_D	409.3	439.0	487.6	482.3[22], 490.5[9],	526.4

注：体弹模量单位为 GPa，剪切模量单位为 GPa，杨氏模量单位为 GPa，德拜温度单位为 K。

3.3.3 Rh—Si 体系的电子性质

铑硅化合物的总电子态密度和分立电子态密度如图 3-7 所示。我们可以看出这些铑硅化合物在费米能级处均具有一定大小的电子密度，这表明它们具有金属的特性。这个结果被如图 3-8 所示的能带结构所证实。这些结构的分立电子态密度主要由 Rh 原子的 $4d$ 态组成，且 Rh 原子的 $4d$ 态和 Si 原子的 $3p$ 态之间存在杂化，也就是它们之间存在着强共价键的特性。特别地，图 3-3(b)展示的 Rh_4Si_5 的电子局域密度泛函也证实了在此结构中 Rh 原子和 Si 原子之间确实存在共价键。

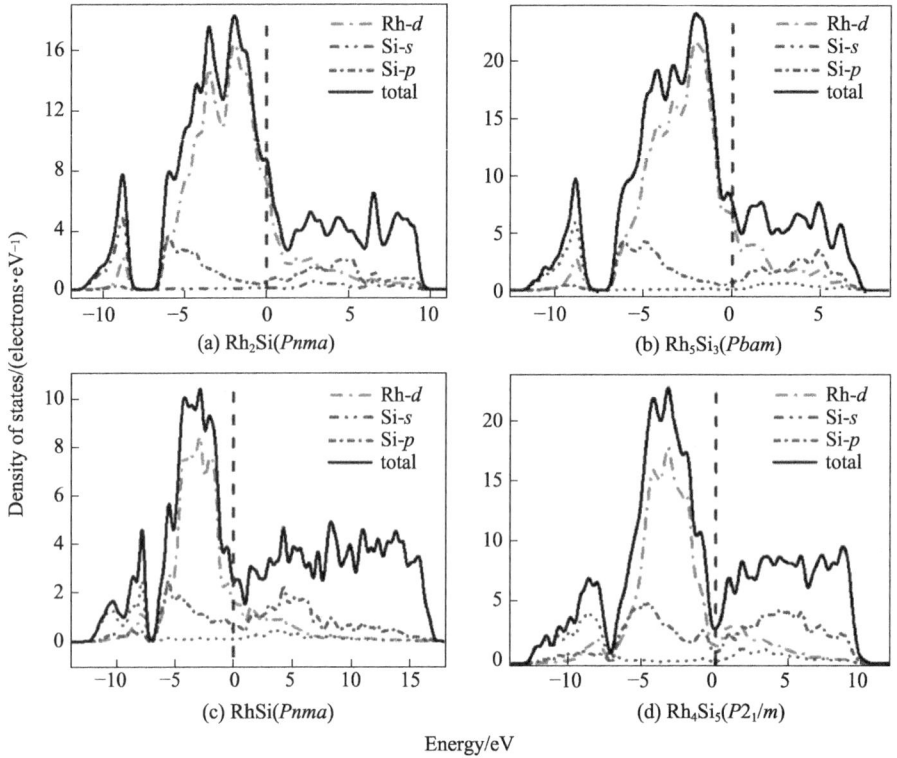

图 3-7　Rh—Si 体系的 $Rh_2Si(Pnma)$、$Rh_5Si_3(Pbam)$、$RhSi(Pnma)$ 和 $Rh_4Si_5(P2_1/m)$ 的态密度

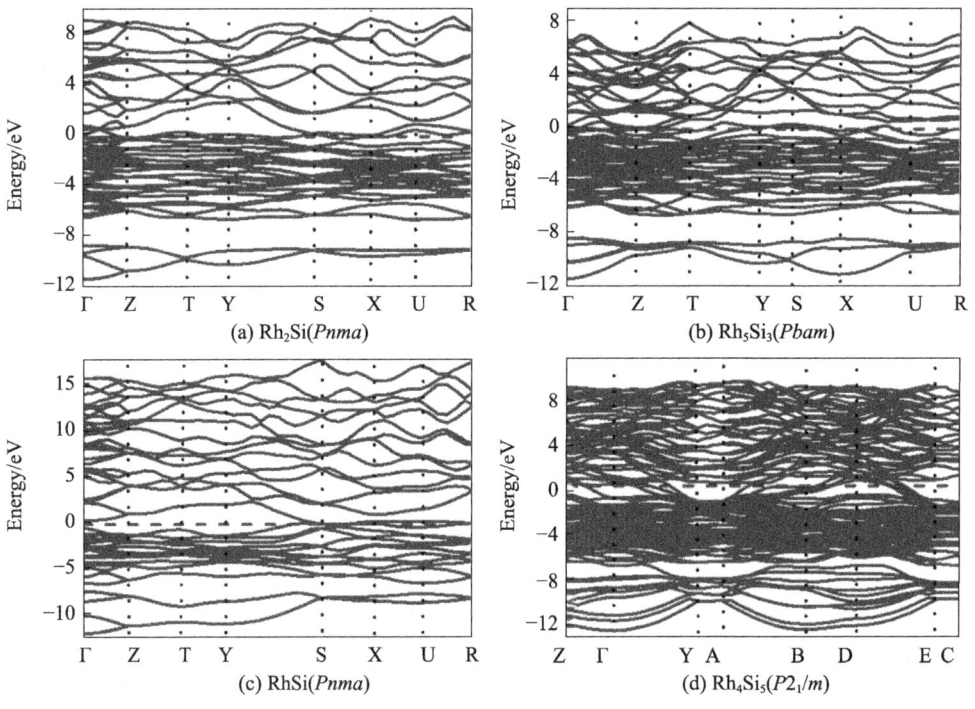

图 3-8　Rh—Si 体系的 $Rh_2Si(Pnma)$、$Rh_5Si_3(Pbam)$、$RhSi(Pnma)$ 和 $Rh_4Si_5(P2_1/m)$ 的能带

3.3.4 Rh—Si 体系的硬度

根据上述研究可知，Rh_4Si_5 拥有较大的剪切模量和杨氏模量、较小的 B/G 和泊松比，以及强共价键，表明它可能是硬质材料。因此，我们利用高发明硬度模型计算了它们的维氏硬度，计算公式如下[176-177]：

$$H_v = \left[\prod^\mu (740(P^\mu - P')v_b^{\mu-5/3})^{n^\mu}\right]^{1/\sum n^\mu} = \left[\prod^\mu (h_v^\mu)^{n^\mu}\right]^{1/\sum n^\mu} \quad (3-22)$$

其中，

$$P' = \frac{n_{\text{free}}}{V} \quad (3-23)$$

$$n_{\text{free}} = \int_{E_P}^{E_F} N(E)\mathrm{d}E \quad (3-24)$$

$$v_b^\mu = (d^\mu)^3 \Big/ \sum_\nu [(d^\nu)^3 N_b^\nu] \quad (3-25)$$

μ 为晶体中不同种类的键编号，P^μ 为密立根交叠布居数，v_b^μ 为 μ 键的体积，n^μ 为 μ 键的个数，d^μ 为 μ 键的长度，N_b^μ 为单位体积中 μ 键的个数，P' 为密立根布居分析值。

利用上述公式我们得到了铑硅化合物的硬度，如表 3-6 所示。从该表中我们可以看出，铑硅化合物的硬度随着 Si 含量的增加而增加，按硬度大小为 Rh—Si 体系稳定结构排序，$Rh_2Si(Pnma) < Rh_5Si_3(Pbam) < RhSi(Pnma) < Rh_4Si_5(P2_1/m)$。其中，$Rh_4Si_5(P2_1/m)$ 的硬度为 20.1 GPa，明显比硅单质的硬度 11.1 GPa 要大，表明它在环境压力下为硬质材料。

表 3-6 Rh—Si 体系稳定结构的键长和硬度

phase	space group	band	d^μ	P^μ	f_m	v_b^μ	H_v^μ	H_v
Rh_2Si	Pnma	Si—Rh	2.415	0.130	0.321	3.812	7.026	11.9
			2.423	0.370	0.113	3.851	25.676	
			2.471	0.415	0.100	4.086	26.458	
			2.480	0.300	0.139	4.127	18.002	
			2.520	0.340	0.123	4.331	19.186	
			2.851	0.110	0.379	6.271	2.370	
Rh_5Si_3	Pbam	Si—Rh	2.357	0.150	0.099	3.241	14.090	12.0
			2.369	0.130	0.114	3.292	11.697	
			2.420	0.425	0.035	3.508	37.476	
			2.443	0.370	0.040	3.608	30.962	

续表

phase	space group	band	d^μ	P^μ	f_m	v_b^μ	H_v^μ	H_v
			2.483	0.340	0.044	3.792	26.096	
			2.577	0.360	0.041	4.239	23.003	
			2.725	0.040	0.371	5.009	1.269	
			2.750	0.105	0.141	5.150	4.344	
RhSi	Pnma	Si—Rh	2.437	0.310	0.003	4.270	20.346	14.7, 14.8[22]
			2.444	0.350	0.003	4.306	22.655	
			2.526	0.225	0.005	4.756	12.323	
		Si—Si	2.691	0.260	0.004	5.749	10.387	
Rh$_4$Si$_5$	$P2_1/m$	Si—Rh	2.324	0.435	0.002	3.943	32.657	20.1
			2.338	0.010	0.071	3.943	0.698	
			2.400	0.410	0.002	3.943	30.777	
			2.411	0.420	0.002	3.943	31.529	
			2.428	0.220	0.003	3.943	16.490	
			2.437	0.330	0.002	3.943	24.761	
			2.438	0.350	0.002	3.943	26.265	
			2.462	0.435	0.002	3.943	32.657	
			2.463	0.095	0.007	3.943	7.090	
			2.485	0.365	0.002	3.943	27.393	
			2.486	0.260	0.003	3.943	19.498	
			2.499	0.040	0.018	3.943	2.954	
			2.520	0.395	0.002	3.943	29.649	
			2.526	0.275	0.003	3.943	20.625	
			2.612	0.385	0.002	3.943	28.897	
			2.687	0.370	0.002	3.943	27.769	
		Si—Si	2.774	0.235	0.003	3.943	17.618	
			2.779	0.250	0.003	3.943	18.746	
			2.596	0.360	0.002	3.943	27.017	
			2.601	0.400	0.002	3.943	30.025	
			2.651	0.295	0.002	3.943	22.129	
Si	Fd-3m	Si—Si	2.374	0.730	0.001	10.297	11.074	11.1

注：键长单位为 Å，硬度单位为 GPa。

本 章 小 结

利用粒子群优化算法结合第一性原理计算，我们系统地研究了铑硅化合物稳定结构的结构特点、稳定性、弹性性质、电子性质及硬度。通过形成焓的计算，我们确定了 Rh—Si

体系的凸包图。利用声子谱和弹性常数，我们分析了凸包图上所有的稳定结构 Rh_2Si(*Pnma*)、Rh_5Si_3(*Pbam*)、RhSi(*Pnma*)和 Rh_4Si_5($P2_1/m$)的动力学和力学稳定性，并发现它们都是稳定的。电子性质的分析说明它们都具有金属性的特性且具有强共价键。另外，基于高发明硬度模型计算的硬度结果，我们发现，拥有较大的剪切模量和杨氏模量，较小的 *B*/*G* 和泊松比 *v* 的 Rh_4Si_5($P2_1/m$)的硬度值为 20.1 GPa，是一个硬质材料。

第 4 章　高压下 RhSi 的结构和物性

本章系统地研究了高压下 RhSi 的结构相变、弹性性质及硬度,采用密度泛函理论揭示其力学行为调控机制。基于 CASTEP 软件包的第一性原理计算可知,RhSi 在 5.59 GPa 下发生从正交 B31 相（$Pnma$）到立方 B20 相（$P2_13$）的结构相变。弹性常数分析表明,这两种相均满足力学稳定性判据,且弹性模量随压力的增大而显著增大。正交 B31 相在零压下的体弹模量（195.4 GPa）、剪切模量（95.0 GPa）及维氏硬度（19.0 GPa）均高于 B20 相,展现出更强的抗变形能力。电子结构计算显示,在费米能级处,态密度非零,Rh 4d 与 Si 3s/p 轨道强杂化形成金属性特征。高压下,B20 相的弹性各向异性因子趋近于 1,呈现从各向异性到各向同性的转变。硬度计算表明,B31 相在 5 GPa 时硬度提升至 15.3 GPa,而 B20 相在 20 GPa 时硬度降低至 13.9 GPa,这归因于键长缩短与键网络重构。本章研究为 RhSi 在高温结构材料及高压器件中的应用提供了理论依据,其相变机制对过渡金属硅化物的高压行为研究具有普适性。

4.1　研究背景

在凝聚态物理与材料科学的交叉领域,过渡金属硅化物构成了具有丰富物理内涵和广泛应用价值的功能材料体系[178]。这类由过渡金属（如 Ti、Co、Ni 等）与硅形成的二元化合物,通过金属—硅键的强相互作用构建出独特的晶体结构[179]。以 RhSi 为代表的铑硅化合物因其特殊的电子结构特性,成为该领域的研究焦点[180]。铑作为 4d 过渡金属,其未填满的 d 轨道与硅的 sp^3 杂化轨道形成强共价键,赋予材料高达 20 GPa 的维氏硬度和优异的高温稳定性[181-182]。这类化合物在极端环境下的性能表现尤为突出,例如,Rh_2Si 在 1 200 ℃下仍能维持结构完整性,使其成为航天发动机热端部件的理想涂层材料[183]。

从电子输运特性分析,过渡金属硅化物的低电阻率（如 $CoSi_2$ 的电阻率为 15 μΩ·cm）源于其金属-半导体过渡特性[184]。RhSi 的电阻率温度系数在 300~800 K 范围内呈现非线性变化，这与 d 电子局域化-退局域化转变密切相关[185]。这种独特的电学行为使其在微电子领域展现出双重应用价值：在集成电路中作为低阻值的欧姆接触材料时，其与硅衬底 0.03% 的晶格失配度可大幅降低界面缺陷密度[186]；而在传感器领域，电阻对温度的高敏感性使其成为高温环境监测的核心元件[187]。值得关注的是，最新研究表明 RhSi/Si 异质结在太赫兹波段具有反常的光电响应，这为开发新型光电子器件提供了物理基础[188]。制备技术的突破显著推动了该体系的发展。化学气相沉积法（CVD）通过在硅基底表面分解 $RhCl_3$ 前驱体，可实现 2 nm 精度的 RhSi 薄膜可控生长，界面过渡层厚度可控制在 3 个原子层以内[189]。而机械合金化结合放电等离子烧结（SPS）的新工艺，使得块体 RhSi 的致密度达到 98.5%，维氏硬度较传统方法提升 23%[190]。当前研究正朝着多功能复合化方向延伸。通过引入碳纳米管构建的 RhSi/CNT 异质结构，热导率较纯相材料提升 4 倍，同时保持 15 GPa 的力学强度，这种协同增强效应为开发新一代高温结构-功能一体化材料开辟了新路径[191]。在能源领域，RhSi 作为锂离子电池负极材料时，体积膨胀系数仅为纯硅的 1/5，500 次循环后容量保持率达 89%，展现了优异的电化学稳定性[192]。随着原子层沉积（ALD）等精密制备技术的发展，过渡金属硅化物正在从宏观块体材料向纳米器件领域延伸，持续推动着半导体工业、航天科技和新能源技术的交叉创新[193-194]。

RhSi 作为过渡金属硅化物的重要的一员，已经被大量的实验和理论所研究。Psaras 等[195]利用卢瑟福背散射谱(RBS)、西曼-包林X射线衍射谱(XRD)、横断面投射电子显微术(TEM)、四探针法测量表面电阻率和肖特基势垒高度技术对 RhSi 在单晶、多晶及非晶硅基片上的结构及生长动力学进行了系统的研究，结果发现在 3 个不同的硅衬底上形成的产物均为 RhSi，这说明基片结晶度对产物 RhSi 的形成是没有影响的。此外，Petersson 等[196]通过在硅衬底上测量铂金属薄膜反应的 X 射线衍射谱发现，当温度为 350 ℃、活化能为 1.9 eV 时，利用扩散控制动力学可形成 RhSi。为了更深入地了解铑硅化合物的结构特点，Schellenberg 等[197]利用 X 射线衍射、差热分析、金相学和电阻测量等技术研究了铑硅合金的一部分金属间化合物，并绘制出了精确的 Rh—Si 体系的相图。

最近，Altintas[198]对不同结构的 RhSi 的结构特点和电子性质进行了详细的研究。Imai 和 Watanabe[199]基于广义梯度近似密度泛函理论（GGA-DFT），通过计算 RhSi 在费米能级附近沿布里渊区高对称方向的电子结构发现，RhSi 是一种金属。就目前来看，尽管科学界对于 RhSi 的研究有着很大的兴趣，但是关于其性质的研究才刚刚起步。特别是对与 RhSi 的实际应用息息相关的力学性质和硬度，还没有研究者做过系统的研究。本章的目的有两重：首先，提供关于高压下 RhSi 的相变、弹性性质、电子性质和硬度的系统的研究；其次，我们希望本章的研究能够对其他过渡金属硅化物在高压下的结构和物理性质的研究提供一定的帮助。

4.2 计 算 方 法

利用赝势平面波方法，RhSi 的结构驰豫和性质的计算都是在基于密度泛函理论的 CASTEP 软件包中完成的[161, 200-201]。离子和电子之间的相互作用通过 Vanderbilt 超软赝势描述，交换关联函数采用广义梯度近似（GGA）和 Perdew-Berke-Ernzerhof（PBE）函数[80]。Rh 和 Si 的价电子组态分别为 $4d^85s^1$ 和 $3s^23p^2$。对于 RhSi 的 B31 相和 B20 相来说，平面波的截断能分别取为 700 eV 和 450 eV。布里渊区 k 点取样采取 Monkhorst-Pack 方法，B31 相和 B20 相 k 点分别采用 6×10×5 和 8×8×8[162]。当总能量收敛到 10^{-5} 时，自洽迭代计算结束。在许多情况下，基于密度泛函理论计算出来的结构总能量的精确度足以预测高压下具有最低自由能的结构。RhSi 的形成焓通过公式 $\Delta H = E(\text{solid RhSi}) - E(\text{metal Rh}) - E(\text{solid Si})$ 计算，其中固体硅的构型为金刚石结构[202]。

4.3 结果与讨论

4.3.1 高压下 RhSi 的结构特点

从微观角度来看，结构特点对于了解一个固体是非常重要的[203-204]。基于第一性原理计算，我们优化了 RhSi 的两种结构，并通过计算得到了两个平衡态的晶格参数、单胞体积、形成焓、拟合的体弹模量、体弹模量对压强的一阶导数，以及现有的实验值和理论值，见表 4-1。通过比较我们发现 RhSi 的两个相的晶格参数与前人的理论值和实验值完美符合。对于 RhSi 的 B31 相和 B20 相来说，形成焓的值为负，表明了它们的热力学稳定，并且可以通过实验合成，这与前人的实验报道一致[205]。为了计算 RhSi 的结构特点随压强的变化，我们的压强取值范围为 0~35GPa。另外，晶格参数的系数比 a/a_0、b/b_0、c/c_0 及体积的系数比 V/V_0 与压强的关系如图 4-1 所示。从图 4-1 中可以看出，随着压强的增大，体积的系数比 V/V_0 从 1 变化到 0.975。并且随着压强的增大，所有的晶格参数的系数比均变小，值得注意的是，a/a_0 和 c/c_0 的变化要比 b/b_0 的变化慢，这表明沿 b 轴压缩晶体要比沿 a 轴和 c 轴容易。

表 4-1　RhSi 的 B31 相和 B20 相的晶格参数、体积、形成焓、
剪切模量及剪切模量对压力的一阶导数

phase	work	a/Å	b/Å	c/Å	V_0/Å^3	ΔH / eV	B_0/GPa	B_0'
B31-RhSi	Present work	5.61	3.11	6.46	112.40	−0.92	208.79	4.82
	Expt.	5.53[198]	3.06[198]	6.36[198]	107.80[198]			
	Expt.	5.55[156]	3.07[156]	6.37[156]	108.61[156]			
	Theo.	5.48[206]	3.04[206]	6.31[206]	104.92[206]			
	Theo.	5.59[207]	3.10[207]	6.41[207]	111.14[207]	−0.88	208.81	
B20-RhSi	Present work	4.73			106.16	−0.89	230.41	4.79
	Expt.	4.69[156]			102.90[156]			
	Expt.	4.63[208]			99.00[208]			
	Expt.	4.68[156]			102.18[156]			
	Theo.	4.63[206]			99.25[206]			
	Theo.	4.72[207]			104.89[207]	−0.86[207]	225.70[207]	

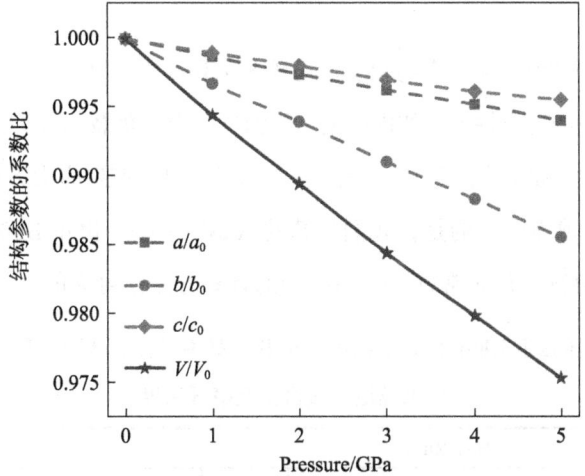

图 4-1　在 0 K 下，RhSi 的 B31 相和 B20 相的晶格参数及体积随压强的变化情况

4.3.2　高压下 RhSi 的稳定性

为了更清楚地了解 RhSi 的稳定性，我们分别计算了它的两个相的吉布斯自由能 G。一般情况下，吉布斯自由能 $G = E + PV - TS$，其中，E 是内能，S 是振动熵，P 是压强，V 是体积[203-204]。在 $T=0$ K 时，固体的吉布斯自由能 G 等于焓 H。此时，RhSi 的两种结

构之间的相变压强可以通过焓相等原理得到。当两种结构的焓相等时，则对应的压强也相等，即 $H_{B31}(P_t) = H_{B20}(P_t)$。因此，当两个相的焓值相等时，我们就可以评估它们在 0 K 下的结构相变压强。RhSi 的两个相的焓差随压强的变化如图 4-2 所示，结果显示随着压强的增大，在 5.59 GPa 时，RhSi 将由 B31 相相变为 B20 相。遗憾的是，目前还没有关于 RhSi 结构相变的理论值和实验值可以参考。

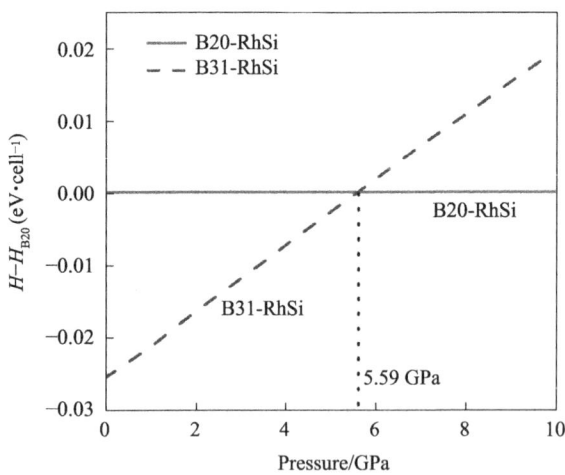

图 4-2 在 0 K 下，RhSi 的 B31 相和 B20 相的焓随压强的变化情况

4.3.3 高压下 RhSi 的弹性性质

固体的弹性性质非常重要，它与很多固态现象密切相关。更重要的是，弹性刚度系数对于固体在实际应用中的力学性能，如内应变、热弹性应力及负载偏转等的评估至关重要[209]。为了更进一步地了解 RhSi 的稳定性和弹性性质，我们采用应变-应力方法计算其弹性常数。计算结果见表 4-2。值得注意的是，我们计算的 RhSi 的 B31 相和 B20 相的弹性常数与文献中所报道的理论值符合得非常好，证明我们的计算方法是可靠的。

表 4-2 不同压强下 RhSi 的 B31 相和 B20 相的弹性常数、体弹模量、剪切模量、杨氏模量、泊松比及德拜温度

独立项	B31-RhSi							B20-RhSi					
	present work						理论值	present work					理论值
	pressure/GPa												
	0	1	2	3	4	5	0	0	10	20	30	35	0
C_{11}	416.5	422.9	430.4	438.2	438.2	451.3	417.3[156]	325.5	399.4	468	535.1	568.5	323.8[156]
C_{22}	227.6	233.5	240.1	243.1	243.1	255.6	230.1[156]						
C_{33}	351.5	363.8	371.4	374.5	374.5	390.6	359.9[156]						
C_{44}	100.7	103.9	105.8	106.3	106.3	108.0	116.2[156]	96.9	109.4	120.7	132.1	138.2	99.4[156]
C_{55}	114.0	115.8	118.7	121.0	121	124.9	114.8[156]						
C_{66}	86.4	88.8	90.9	91.8	91.8	95.5	95.4[156]						
C_{12}	110.7	114.1	118.7	122.6	122.6	129.7	130.9[156]	178.2	212.0	246.5	279.1	295.8	177.9[156]

续表

独立项	B31-RhSi							B20-RhSi					
	present work						理论值	present work					理论值
	pressure/GPa												
	0	1	2	3	4	5	0	0	10	20	30	35	0
C_{13}	139.3	144.5	150.2	154.1	154.1	162.0	145.9[156]						
C_{23}	162.1	164.4	168.8	174.6	174.6	182.5	165.1[156]						
B_V	202.2	207.4	213.0	217.6	221.1	227.3	210.1[156]	227.3	274.5	320.6	364.4	386.7	226.5[156]
B_R	188.6	193.3	198.8	203.0	206.9	212.8	196.4[156]	227.3	274.5	320.6	364.4	386.7	226.5[156]
G_V	99.1	101.5	103.4	104.1	105.1	107.3	102.9[156]	87.6	103.1	116.9	130.5	137.5	88.8[156]
G_R	90.9	93.8	95.7	95.8	96.9	99.2	94.3[156]	86.0	102.8	116.7	130.4	137.5	86.8[156]
B	195.4	200.3	205.9	210.3	214.0	220.1	203.3[156]	227.3	274.5	320.6	364.4	386.7	226.5[156]
G	95.0	97.6	99.5	100.0	101.0	103.2	98.6[156]	86.8	102.8	116.8	130.5	137.5	87.8[156]
E	245.3	251.9	257.1	258.9	261.9	267.8	254.7[156]	230.1	274.3	314.2	349.6	368.7	233.2[156]
v	0.3	0.3	0.3	0.3	0.3	0.3	0.3[156]	0.3	0.3	0.3	0.3	0.3	0.3[156]
A_1	0.8	0.8	0.8	0.8	0.8	0.8	0.9[156]	1.3	1.2	1.1	1.0	1.0	1.4[156]
A_2	1.8	1.7	1.7	1.8	1.8	1.8	1.8[156]	1.3	1.2	1.1	1.0	1.0	1.4[156]
A_3	0.8	0.8	0.8	0.8	0.8	0.9	0.9[156]	1.3	1.2	1.1	1.0	1.0	1.3[156]
A_B	3.4	3.5	3.5	3.5	3.5	3.3	3.4[156]	0.0	0.0	0.0	0.0	0.0	0.0[156]
A_G	4.3	4.0	3.9	4.2	4.2	3.9	4.3[156]	0.9	0.3	0.1	0.0	0.0	1.1[156]
Θ_D	482.3	488.4	492.8	493.7	496	501.0	490.5[156]	458.9	496.4	526.3	553.7	567.2	460.5[156]

注：弹性常数单位为 GPa，体弹模量单位为 GPa，剪切模量单位为 GPa，杨氏模量单位为 GPa，德拜温度单位为 K。

为了保证晶体的力学稳定性，弹性常数应满足力学稳定性判据。从我们计算的弹性常数的结果来看，RhSi 的两种结构均满足力学稳定性判据，这说明它们是力学稳定的。根据 VRH 近似方法，Voigt 体弹模量、Reuss 体弹模量、Voigt 剪切模量、Reuss 剪切模量、Hill 体弹模量、Hill 剪切模量、杨氏模量、泊松比、德拜温度、剪切模量各向异性因子和剪切模量因子的可压缩性的计算结果见表 4-2。结果显示，我们的理论计算结果与前人的理论计算结果一致[156]。

为了进一步评估 RhSi 的弹性性质随压强的变化，我们计算了不同压强下的弹性常数，结果如表 4-2 和图 4-3 所示。可以看出，所有的弹性常数都随着压强的增大而增大。有趣的是与其他弹性常数相比，C_{11} 随压强的增大变化最大。表 4-2 和图 4-4 分别展示了 RhSi 的两种稳定结构的弹性模量和德拜温度随压强的变化情况。结果显示，当压强增大时它们的变化比较明显，且都随压强的增大而增大。另外，正如我们所知道的，高压下的弹性各向异性因子对于分析体系的成键起着关键的作用[210]。从图 4-5 展示的 RhSi 的剪切模量各向异性因子和剪切模量因子的可压缩性我们看出，B31 相的剪切模量各向异性因子和剪切模量因子的可压缩性随压强的增大而单调递减,而 B20 相并没有随压强的增大而单调递减。另外,我们发现在不同的压强下,弹性各向异性因子均显示 B31 相是各向异性的。而对于 B20 相来说,在压强为 35 GPa 时,它的弹性各向异性因子的值为 1,这充分说明它是各向同性的。

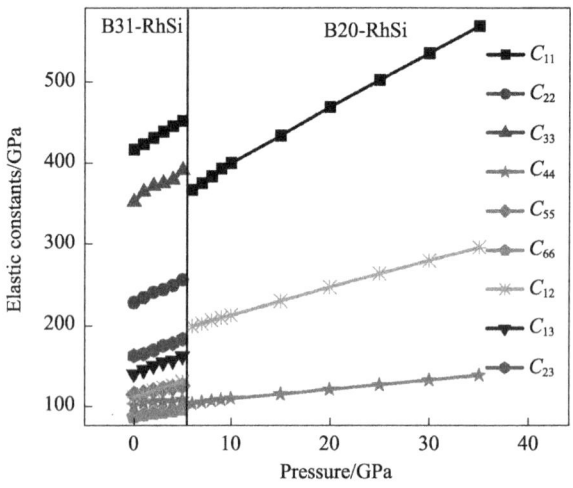

图 4-3　RhSi 的 B31 相和 B20 相的弹性常数随压强的变化情况

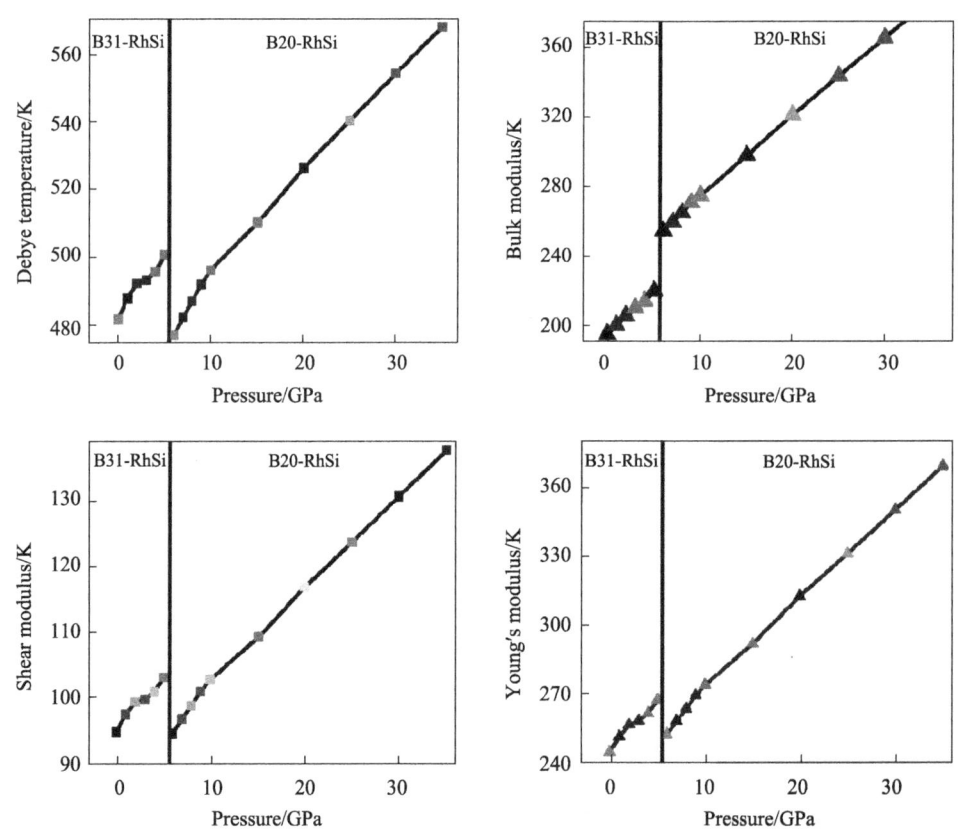

图 4-4　RhSi 的 B31 相和 B20 相的德拜温度、体弹模量、剪切模量和杨氏模量随压强的变化情况

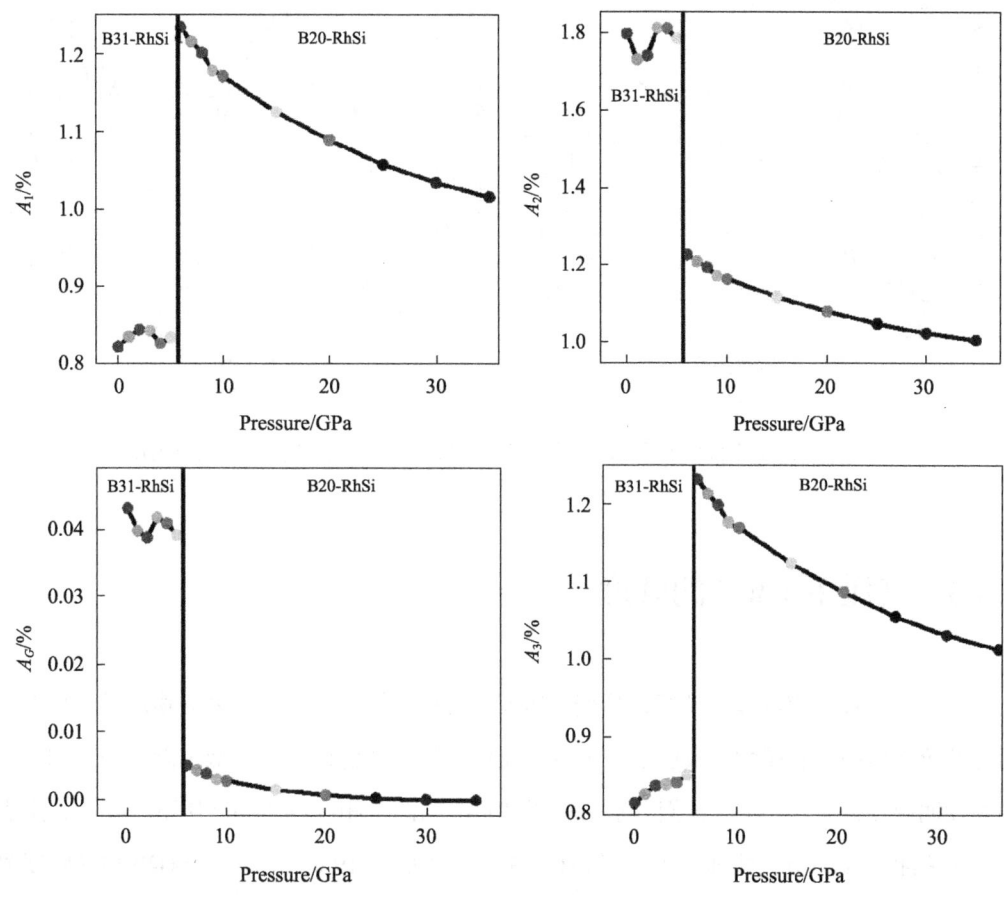

图 4-5　RhSi 的 B31 相和 B20 相的 A_1、A_2、A_3 和 A_G 随压强的变化情况

4.3.4　高压下 RhSi 的电子性质

零压和高压下 RhSi 的总电子态密度和分立电子态密度如图 4-6 所示。从图中我们可以看出，RhSi 的两个相都表现出金属性，这是因为它们在费米能级处均存在一定大小的电子态密度。这个结果与已有的理论值符合得很好。对于 RhSi 的两个相来说，它们的成键态主要由 Rh 的 $4d$ 态和 Si 的 $3s$ 态组成，而反键态则主要由 Rh 的 $4d$ 态和 Si 的 $3p$ 态组成。从图 4-6 中 Rh 原子和 Si 原子的分立电子态密度来看，在零压和高压下 Rh 原子和 Si 原子之间都存在很强的杂化作用。值得注意的是，对于 RhSi 的两个相来说，随着压力的增大它们的价带变宽且向低能量方向移动，而导带则向高能量方向移动。

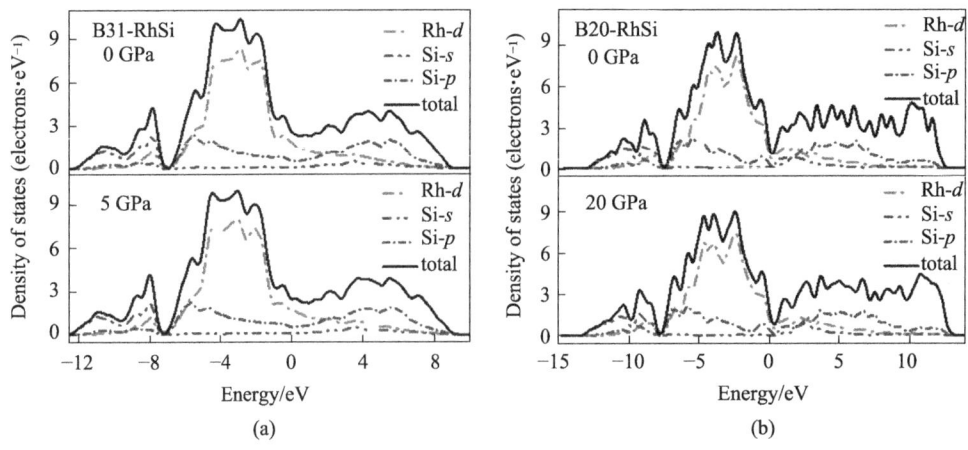

图 4-6 RhSi 的 B31 相和 B20 相在零压和高压下的总态密度和分立态密度

4.3.5 高压下 RhSi 的硬度

硬度是表征给定固体抵抗塑性形变、压痕、磨损或切削等方面能力的物理量。它被认为是共价晶体的固有属性，数值上等于单位面积上每个共价键对压头抵抗能力的总和。利用高发明硬度模型[176, 211]，我们分别估算了 RhSi 的两个相在零压和高压下的硬度，见表 4-3。根据我们的计算，零压下 RhSi 的 B31 相的硬度值为 19.0 GPa，高于 B20 相的硬度值 14.8 GPa。随着压力的增大，B31 相的硬度值增大，而 B20 的硬度值却在减小。然而遗憾的是，迄今为止还没有 RhSi 硬度的理论值和实验值可供与我们的计算结果进行比较。因此，我们的工作是在这个方向上的首次计算，希望在此基础上可以激发研究者未来对过渡金属硅化物的进一步研究。

表 4-3 不同压强下 RhSi 的 B31 相和 B20 相的键长和硬度

phase	pressure/GPa	bond	n	d^μ	P^μ	P'	v_b^μ	H_v^μ	H_v
B31-RhSi	0	Si-Rh	8	2.436	0.315	0.000 9	4.265	20.7	14.8
		Si-Rh	4	2.440	0.350	0.000 9	4.286	22.8	
		Si-Si	8	2.527	0.220	0.000 9	4.760	12.0	
		Si-Si	4	2.694	0.260	0.000 9	5.764	10.3	
	5	Si-Rh	8	2.423	0.300	0.000 3	4.193	20.3	15.3
		Si-Rh	4	2.426	0.350	0.000 3	4.207	23.6	
		Si-Si	8	2.506	0.215	0.000 3	4.638	12.3	
		Si-Si	4	2.658	0.270	0.000 3	5.536	11.5	

续表

phase	pressure/GPa	bond	n	d^μ	P^μ	P'	v_b^μ	H_v^μ	H_v
B20-RhSi	0	Si-Rh	12	2.507	0.480	0.002 3	3.403	45.9	19.0
		Si-Si	12	2.932	0.130	0.002 3	5.444	12.2	
	20	Si-Rh	12	2.455	0.460	0.002 8	3.185	49.1	13.9
		Si-Si	12	2.860	0.150	0.002 8	5.032	7.4	

注：键长单位为 Å，硬度单位为 GPa。

本 章 小 结

基于密度泛函理论的赝势平面波方法，我们研究了高压下 RhSi 的结构相变、弹性性质、电子性质和硬度。计算结果显示，在压强为 5.59 GPa 时，RhSi 会发生从 B31 相到 B20 相的相变。弹性常数的计算结果表明，在给定的压力范围内 B31 相和 B20 相均满足力学稳定性判据，是力学稳定的。另外，高压下 B31 相和 B20 相的弹性常数、弹性模量及德拜温度的计算结果显示，它们均随压强的增大而增大。对零压下和高压下的电子态密度计算结果进行分析，我们可以得出 B31 相和 B20 相均具有金属性。我们还利用高发明硬度模型计算了零压和高压下 RhSi 的 B31 相和 B20 相的硬度值，结果显示零压下 B31 相的硬度值为 19.0 GPa，是一个潜在的硬质材料。

第 5 章 地核压力下镍硅化合物的结构和物性

地核的物质组成与演化机制是地球科学与凝聚态物理交叉研究的核心问题。地震学观测表明，地核存在密度亏损与各向异性特征，需引入轻元素（如硅）进行解释。本章研究基于第一性原理计算与晶体结构预测方法，系统探索了镍硅二元化合物在地核压力下的结构稳定性与物理性质，揭示了其在地核环境中的潜在作用。研究发现，高压下镍硅体系呈现丰富的相变行为。在常压至 350 GPa 范围内，除已知的 Ni_3Si、Ni_2Si、$NiSi$ 和 $NiSi_2$ 外，首次预测了两种新型富镍化合物 Ni_5Si（$Cmmm$）和 Ni_6Si（$R\text{-}3$）。这些化合物在 350 GPa 时保持热力学与动力学稳定，其晶体结构中 Si 原子均以 12 配位与 Ni 原子形成 $SiNi_{12}$ 多面体，堆积效率显著提升。电子结构分析表明，Ni_5Si 与 Ni_6Si 均表现出金属性，费米能级附近的态密度主要由 Ni 的 $3d$ 轨道与 Si 的 $3p$ 轨道杂化主导。值得注意的是，电荷分析显示反常的电子从 Si 向 Ni 转移，这源于高压下 Si 的 d 轨道能级升高导致的电子重新分布。地震学参数计算表明，Ni_5Si（$\rho=13.72$ g/cm³，$V_p=11.09$ km/s）与 Ni_6Si（$\rho=13.91$ g/cm³，$V_p=10.31$ km/s）的密度与声速均与地核 PREM 模型高度吻合。其声速各向异性显著：Ni_5Si 的纵波各向异性达 19.9%，横波各向异性高达 65.89%；Ni_6Si 的最大横波各向异性达 85.78%。这种各向异性差异源于晶体结构对称性的不同，为解释地核地震波速异常提供了新的物质基础。本章研究首次系统揭示了镍硅化合物在地核压力下的结构稳定性与物理特性，提出富镍硅化物可能作为地核成分的候选相，拓展了对地球深部元素分异与动力学过程的认识。研究结果不仅深化了高压下过渡金属-轻元素相互作用的理解，还为解释地核密度亏损、地震各向异性及热演化提供了关键理论依据。

5.1 研 究 背 景

地核的物质构成与演化机制一直是地球科学与凝聚态物理交叉研究的核心命题。地震波层析成像揭示的纵波速度（V_P）与横波速度（V_S）异常表明，内地核的密度较纯铁低约 8%~10%，且呈现显著的各向异性特征[212]。为了解释这种异常的密度偏低现象，通常认为地核中存在其他轻元素，如氢、硫、碳、硅等[213]。基于第一性原理的声速计算显示，硅元素的掺入能更有效地调和铁基合金的密度-波速矛盾[214]。当硅含量达 5~15 wt%时，六方密堆积（hcp）结构的 $Fe_{0.85}Si_{0.15}$ 合金的密度偏差可从纯铁的–7.3%缩小至–2.1%，同时其剪切波速与地震学模型的匹配度提升 40%以上[215]。这种修正源于硅原子对铁晶格的电子掺杂效应，即硅的 sp^3 杂化轨道与铁的 $3d$ 轨道形成共价相互作用，导致费米能级附近的电子态密度重排，进而改变材料的弹性模量[216]。然而，镍作为地核中占比约 5%~10%的第二主量元素，其与硅的相互作用机制长期被忽视。尽管镍与铁具有相近的原子半径与电子构型（Ni: $3d^84s^2$，Fe: $3d^64s^2$），但镍的更高电负性可能导致镍硅化合物的稳定性与电子结构呈现独特行为[217]。

为了确定这些轻元素在地核中可能形成的化合物，许多研究者致力于研究 Fe—X（X= H、S、C、Si 等）的化学组成[218]。截至目前，在铁硅体系方面，高压实验与理论计算的协同研究已建立相对清晰的相图框架[219]。金刚石压砧（DAC）结合同步辐射 X 射线衍射证实，在 135 GPa、3 000 K 条件下，FeSi 的 CsCl 型（B2）结构通过动态离子效应保持稳定，其体弹模量（K_0=280 GPa）与地核边界的 PREM 模型高度吻合[220]。而富硅相如 $FeSi_3$ 在相同条件下会发生分解反应：$FeSi_3 \rightarrow FeSi+2Si$。该过程释放的吉布斯自由能 ΔG 达 –0.45 eV/atom，说明硅的溶解度存在压力依赖性上限[221]。更引人注目的是激光加热 DAC 技术在地核压强（330~360 GPa）下发现的非化学计量相 $Fe_{5.3}Si$，其超晶格结构呈现沿 c 轴方向的铁硅交替层，这种层状排列通过抑制横向声子模软化，使材料的剪切模量 G 提升至 160 GPa，较纯铁提高 25%。这些发现暗示硅可能以固溶体形式而非确定化合物存在于地核中[222]。

镍作为地核中含量仅次于铁的重要元素，同样在地球物理和地球化学过程中发挥着关键作用，并可能与轻元素形成化合物。且在所有轻元素中，硅（Si）被认为是可能存在于地核中的候选元素之一[223]。相较铁硅体系，镍硅体系的高压相图仍存在显著认知空白。常压研究表明，Ni—Si 二元系存在 Ni_3Si（L12 型）、Ni_2Si（C23 型）、NiSi（B31 型）和 $NiSi_2$（C1 型）等多种化合物，其形成焓与电子结构呈现独特的递变规律：从富镍相的金属性（Ni_3Si 的电阻率 ρ=15 $\mu\Omega\cdot$cm）向富硅相的半导体特性（$NiSi_2$ 的带隙 E_g=0.8 eV）过渡[224, 225]。第一性原理计算预测，在 50 GPa 压强下，NiSi 会发生从正交 B31 相到四方 BCT 结构的相变，其相变驱动力源于硅原子的 p 轨道电子在高压下与镍原子的 d 轨道的杂化增强，导致能带交叠与金属化转变[226]。然而，这种预测尚未得到实验证实，且在地核级压强（>300 GPa）下的行为更是未知领域[227]。近期发展的量子蒙特卡洛（QMC）方法揭示，镍硅化合物在极端压缩下可能出现量子核效应，即镍原子的零点振动能占比可达总晶格能的 12%，这可能导致传统相变判据的失效[228]。镍硅化合物的特殊电子结构可能对地核动力学产生深远影响。基于密度泛函理论（DFT）的弹性常数计算表明，Ni_2Si 在 200 GPa 下的各向异性因子（A=2.3）显著高于纯镍（A=1.1），这种力学各向异性若存在于地核中，可能为内核地震波速各向异性提供新的解释机制[229]。此外，镍硅合金的热输运特性备受关注。非弹性 X 射线散射测量显示，$Ni_{0.9}Si_{0.1}$ 在 120 GPa 下的热导率 κ=130 W/mK，比纯铁低约 30%，这种热导抑制效应可能影响地核的热演化时间尺度[230]。值得关注的是，镍与硅的化学亲和力差异可能导致元素分异。分子动力学模拟表明，在铁镍硅熔体中，硅倾向于在镍周围富集，形成局域短程有序结构，这种微区偏聚可能影响地核的流变性质与磁场生成效率[231]。

先前的研究已报道了多种镍硅化合物，如 Ni_3Si、Ni_2Si、$NiSi$ 和 $NiSi_2$，并表明这些化合物在常压或相对较低压力下是稳定的[232]。由于铁和镍具有相似的化学性质，故富镍硅化物在内核条件下可能具有类似的稳定性[233]。然而，对于这些镍硅化合物在极端内核压力下的行为，现有的研究仍然有限。在本章中，我们结合晶体结构搜索方法和第一原理计算方法，对不同成分的镍硅化合物在 0~350 GPa 压强范围内进行了系统的结构预测。我们发现了两种在不同压力下稳定存在的镍硅化合物，分别为 Ni_5Si 和 Ni_6Si。它们均包含 12 配位的 Si 原子与 Ni 原子形成的键合结构，并在地核条件下表现出极高的化学稳定性，同时还展示了从 Si 到 Ni 的反常电荷转移现象。进一步计算它们的密度和声速，结果表明硅可能容易在地核中稳定存在，这使得 Ni_5Si 和 Ni_6Si 成为地核化学成分的潜在候选物。这些发现为了解地核中的化学成分提供了关键信息，有助于更好地理解地核中神秘的密度不足现象，以及地球演化过程中的地球物理和地球化学过程。

5.2 计算方法

利用 CALYPSO 晶体结构预测方法结合第一性原理计算方法[157, 234]，我们构建了高压下镍硅二元化合物的相图。CALYPSO 晶体结构预测方法的有效性已通过对包括单质、二元和三元化合物在内的多种已知实验结构的验证得到证实[159, 235-236]。第一性原理计算基于广义梯度近似(GGA)[237]的 Perdew-Burke-Ernzerhof (PBE)函数的密度泛函理论（DFT）框架[68, 71]，并通过 VASP 软件包实现[103]。在计算过程中，我们选用的镍和硅的价电子分别为 $3d^84s^2$ 和 $3s^23p^2$，截断能设定为 600 eV，Monkhorst-Pack k 点网格设定为 0.025 Å^{-1}。我们采用 PHONOPY 软件包[238]中的有限位移法计算得到晶体结构的声子谱，以评估其动态稳定性。为探索原子间相互作用和化学键，我们利用 VASP 软件包和 LOBSTER 软件包分别计算了 Bader 电荷和晶体轨道哈密顿布居（COHP）[239-240]。

5.3 结果与讨论

5.3.1 地核压力下镍硅化合物的结构特点

为了确定在不同压力下镍硅化合物的稳定结构，我们在 0 GPa、50 GPa、100 GPa 和 350 GPa 压强条件下对镍硅化合物进行了系统的结构搜索。通过凸包图，我们描述了不同压力下镍硅化合物的形成焓，形成焓的计算公式为 $\Delta H=[H(Ni_xSi_y)-xH(Ni)-yH(Si)]/(x+y)$，其中 H 代表每个化学计量单位的焓。根据计算得到的形成焓，我们绘制了给定压强下的凸包图，如图 5-1 所示。通常，位于凸包图上的化合物在热力学上是稳定的，而位于实线以上的化合物则是不稳定的，这些化合物倾向于分解为其他镍硅化合物或元素镍和硅的固体形式。从图 5-1 可以看出，在环境压力下，我们通过结构搜索再现了几种已知的镍硅化合物〔Ni_3Si（Pm-$3m$）、Ni_2Si（$Pbnm$）、$NiSi$（$Pnma$）、$NiSi_2$（Fm-$3m$）〕的晶体结构。这些化合物的形成焓均位于凸包图上，与之前的理论和实验研究结果一致[241-244]。此外，优化得到的 NiSi 的晶体参数为 a=5.19 Å、b=3.34 Å 和 c=5.63 Å，与实验值 a=5.18 Å、b=3.33 Å 和 c=5.6 Å 非常吻合，验证了本研究计算结果的可靠性。需要注意的是，在 100 GPa 时，$NiSi_2$ 会分解成 NiSi 和 Si 固体，而空间群为 $Pmma$ 的富镍镍硅化合物 Ni_5Si 却意外地变得稳定。该晶体结构中的镍原子占据了 4 个 Wyckoff 位点，分别为 $2e$ (0.750, 0.000, –0.003), $2e$ (0.750, 0.000, –0.665), $2d$ (1.000, 0.500, –0.500)和 $4j$ (0.501, 0.500, –0.168)。随着压力的增大，我们还发现有两种富镍镍硅化合物在 350 GPa 时变得稳定，分别是空间群为 $Cmmm$ 的 Ni_5Si 和空间群为 R-3 的 Ni_6Si。对于包含 3 个非等价镍原子的 Ni_5Si，它们分别占据了 $2d$ (0.000, 0.000, 0.500), $4i$ (0.000, 0.835, 0.000)和 $4j$ (0.500, 0.834, 0.500) Wyckoff 位点，而对于包含等价镍原子的 Ni_6Si 来说，镍原子则占据了 $18f$ (0.143, 0.715, 0.499) Wyckoff 位点。

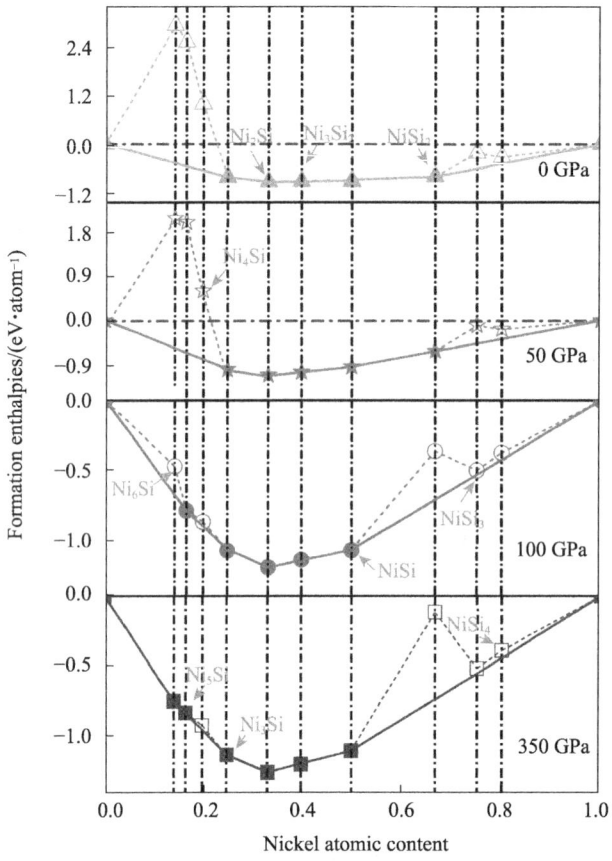

图 5-1 Ni—Si 化合物在不同压强下的凸包图

5.3.2 地核压力下镍硅化合物的稳定性

我们还研究了不同镍硅化合物的稳定压力范围，如图 5-2 所示，为进一步的实验研究提供更多的结构信息。研究结果表明，除了 $NiSi_2$（稳定在 0~79 GPa 之间），其他富镍化合物（如 NiSi、Ni_2Si、Ni_3Si、Ni_5Si 和 Ni_6Si）在压强增大时仍然保持稳定。在压力的作用下，具有正交结构且空间群为 *Pnma* 的 NiSi，其在 24 GPa 时会转变为 *Pmmn* 相，这与先前的理论和实验结果一致。在整个压力范围内，空间群为 *Pbnm* 相的 Ni_2Si 和空间群为 *Pmma* 相的 Ni_3Si 始终位于凸包图上，表明它们在热力学上是稳定的。此外，Ni_5Si 在超过 86 GPa 时稳定为空间群为 *Pmma* 的正交结构，接着在 183 GPa 时转变为空间群为 *Cmmm* 的正交相。在 Ni_5Si 的两种结构中，每个 Si 原子均有 12 个近邻的 Ni 原子配位，形成 Ni 为顶点的 $SiNi_{12}$ 多面体，如图 5-3 所示，其中，红色的球代表 Si 原子，紫色的球代表 Ni 原子。与低镍含量的镍硅化合物相比，预测得到的富镍化合物 Ni_5Si 和 Ni_6Si 中实现了更高的配位，这源于更高的密度和更致密的多面体堆积。例如，图 5-3 的空间群为 $R\text{-}3$ 的 Ni_6Si 的球形堆积效率（约 92%）远大于空间群为 $Pmmn$ 的 $NiSi$（约 81%）。为了进一步评估这些富镍相在给定压力下的动态稳定性，我们使用有限位移法计算了它们的声子色散关系，如图 5-4 所示。在我们计算的晶体结构中，整个布里渊区内都未发现具有虚频的声子分支，这表明这些结构在动力学上是稳定的。在接下来的研究中，我们将重点讨论在地核压力下富镍化合物中的稳定结构 $Cmmm$ 相的 Ni_5Si 和 $R\text{-}3$ 相的 Ni_6Si 的相关性质。

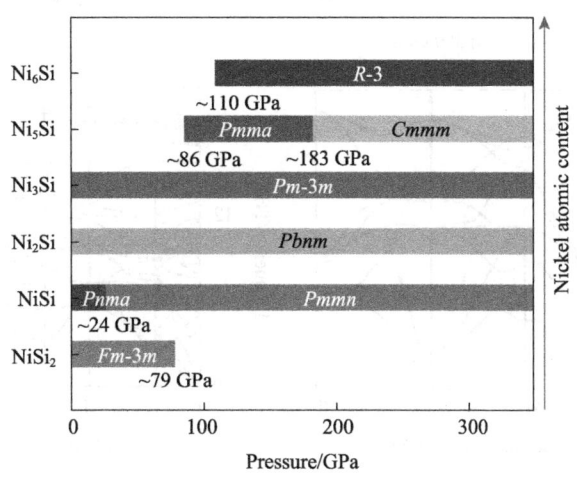

图 5-2 镍硅化合物稳定结构的压力范围

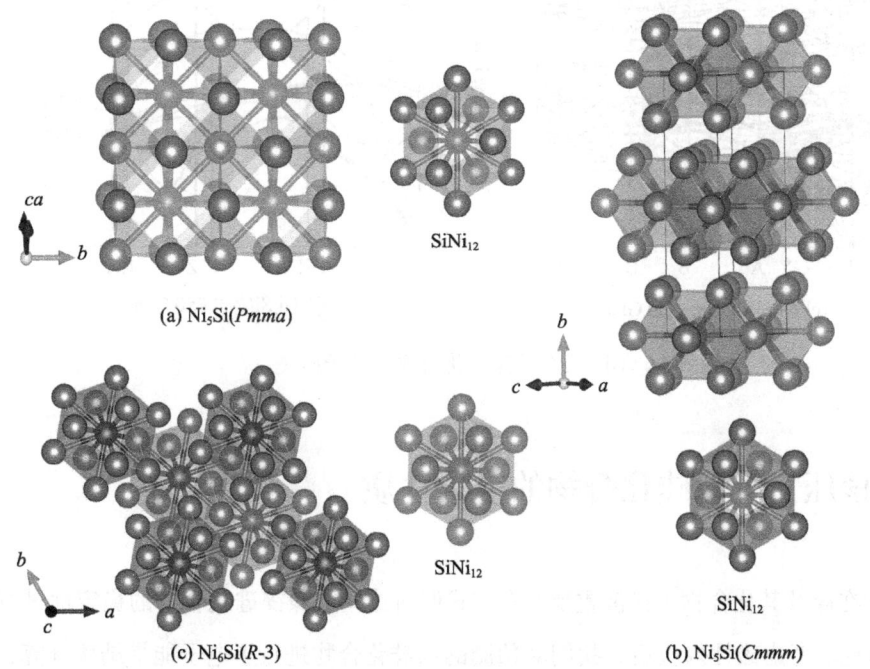

图 5-3 Ni_5Si 和 Ni_6Si 的结构

彩图 5-3

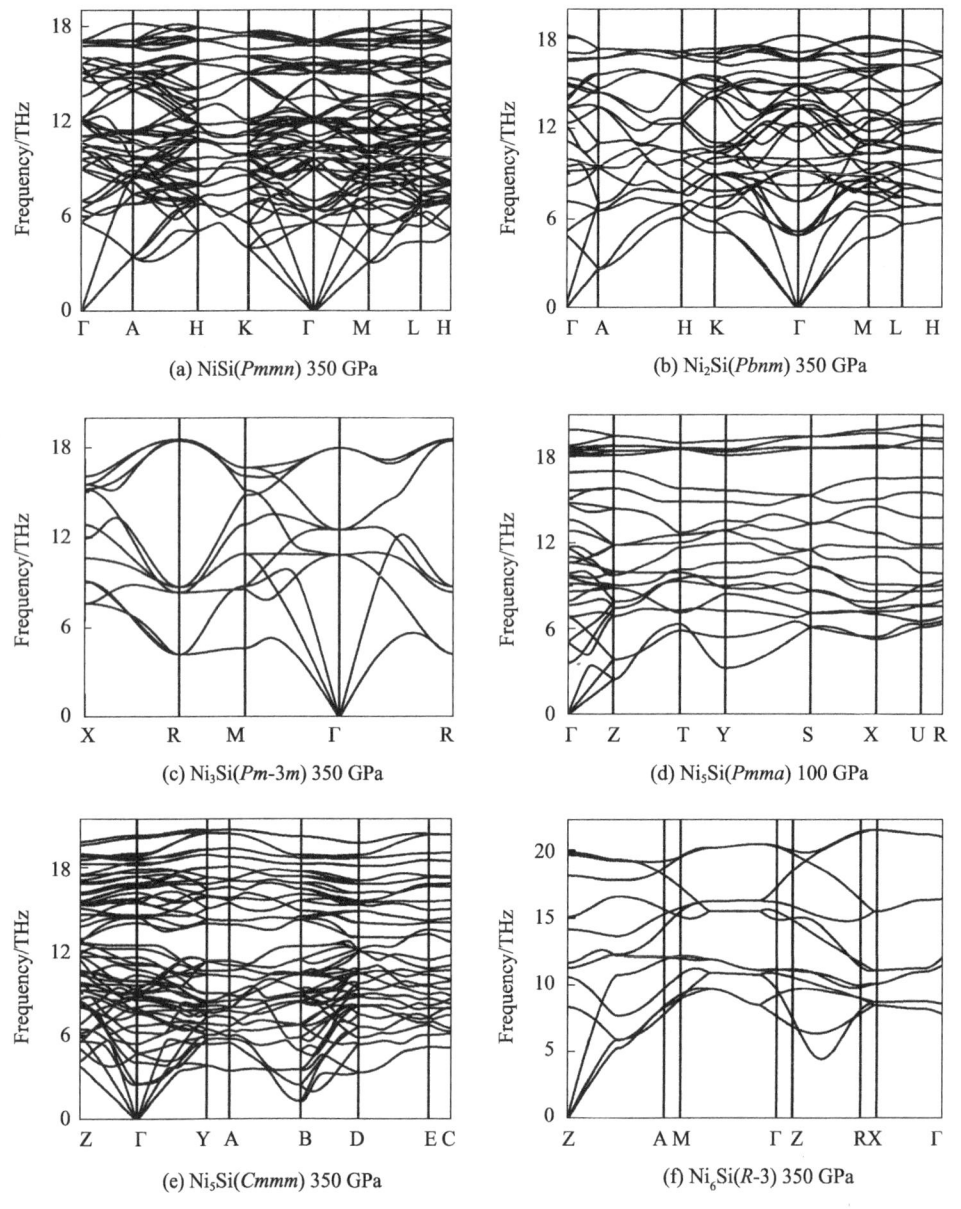

图 5-4 不同压力下镍硅化合物的声子谱

5.3.3 地核压力下镍硅化合物的电子性质

鉴于磁性在镍及其化合物中扮演重要角色,我们对这些富镍镍硅化合物的稳定性进行了磁性影响研究。考虑磁性效应后,我们对预测的镍硅化合物进行了电子能带结构计算,结果如图 5-5 所示。自旋极化计算表明,这些高压条件下的镍硅化合物不具有净磁矩。能带结构显示，在相关压力范围内，多条能带跨越费米能级（E_f），揭示了这些化合物具有金属性质。为了进一步探讨我们提出的 Cmmm 相的 Ni_5Si 和 R-3 相的 Ni_6Si 的成键特性，我们计算了这些相的电子态密度（DOS），结果亦如图 5-5 所示。计算结果表明，这些化合物在费米能级附近显示出显著的电子态密度，这与计算得到的电子能带结构显示的金属性质相一致。此外，费米能级附近的 DOS 分析显示，Ni 的 $3d$ 态和 Si 的 $3p$ 态在这些化合物的电子结构中占据主导地位，这表明 Ni 的 $3d$ 轨道和 Si 的 $3p$ 轨道之间存在显著的电荷转移，揭示了镍硅化合物中金属性质的电子起源和成键机制。为了进一步量化 Ni 和 Si 之间的电荷转移，我们计算了 Cmmm 相的 Ni_5Si 和 R-3 相的 Ni_6Si 的 bader 电荷，结果显示在 Cmmm 相的 Ni_5Si 中，每个 Si 原子获得了约 2.15 个电子，而 Ni 原子则相应地失去了约 0.43 个电子；在 R-3 相的 Ni_6Si 中，每个 Si 原子获得了约 2.08 个电子，而 Ni 原子则相应地失去了约 0.34 个电子。在这两种结构中，都出现了电荷异常地从 Si 转移到 Ni 的现象。

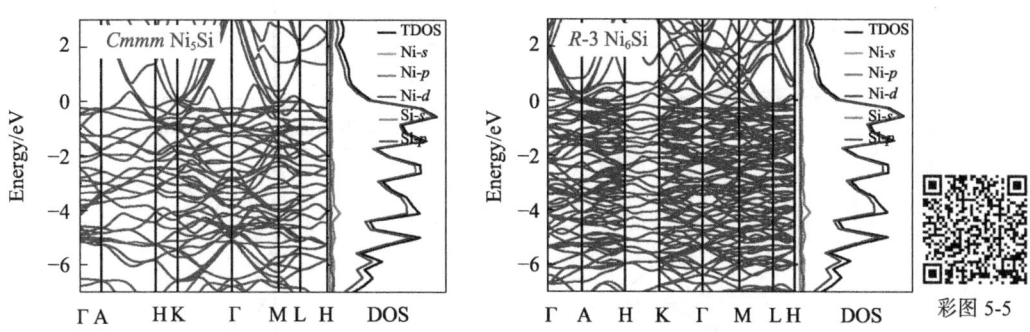

图 5-5 Ni_5Si 和 Ni_6Si 的电子能带结构和态密度

为了进一步探究镍硅化合物中的 Ni 和 Si 之间的成键特性，我们计算了 Cmmm 相的 Ni_5Si 和 R-3 相的 Ni_6Si 的 Ni—Si 键的积分轨道哈密顿布居（integrated crystal orbital Hamilton populations, ICOHP），如图 5-6 所示。从图 5-6 可以看出，在这两种结构中，Ni—Si 的相互作用在本质上是相似的，未占据的反键态和占据的成键态分别位于费米能级之上和之下。另外，空间群为 Cmmm 的 Ni_5Si 的 ICOHP 值约为 –1.58 eV，在 350 GPa 时，空间群为 R-3 的 Ni_6Si 的 ICOHP 值约为 –1.71 eV，这表明在 350 GPa 时，空间群为 R-3 的 Ni_6Si 中的 Ni—Si 反键相互作用比空间群为 Cmmm 的 Ni_5Si 更强。通过以上的计算结果，我们还发现在富镍的镍硅化合物中，电荷的重新分配主要发生在镍 $3d$ 和硅 $3p$ 轨道之间，这是镍 $3d$ 和硅 $3p$ 轨道能量移动的自然结果。

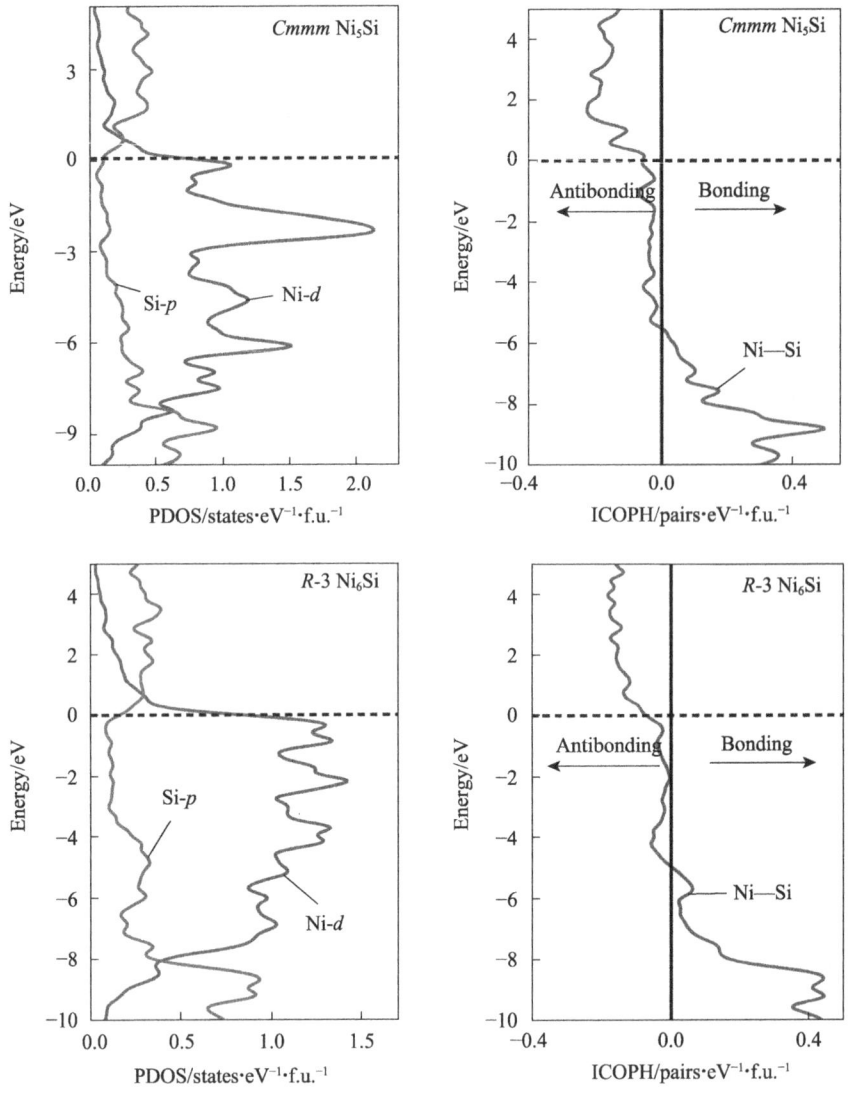

图 5-6 Ni_5Si 和 Ni_6Si 的 PDOS 和 ICOHP

5.3.4 地核压力下镍硅化合物的声速度各向异性

利用结构搜索软件得到的 *Cmmm* 相的 Ni_5Si 和 *R*-3 相的 Ni_6Si 为地球科学提供了的一个重要的研究课题,即比较它们在地核压力下的密度和地震波速度与初步参考地球模型（PREM）[245]。为此,我们计算了 *Cmmm* 相的 Ni_5Si 和 *R*-3 相的 Ni_6Si 在高压条件下的声速度,如图 5-7 所示,并获得了它们在 350 GPa 条件下的主要特性。具体而言,*Cmmm* 相的 Ni_5Si 和 *R*-3 相的 Ni_6Si 密度分别为 13.72 g/cm^3 和 13.91 g/cm^3,均位于地球内核的范围

（9.71~14.16 g/cm³）内。它们的平均纵波速度 V_P 分别为 11.09 km/s 和 10.31 km/s，平均横波速度 V_S 分别为 5.39 km/s 和 5.39 km/s。相较于 PREM 值，这些声速和密度数据与地震数据的约束条件相符，暗示 $Cmmm$ 相的 Ni_5Si 和 $R\text{-}3$ 相的 Ni_6Si 可能存在于地核中。为了全面了解镍硅化合物在地核条件下的地震各向异性，我们进一步研究了在 350 GPa 条件下，$Cmmm$ 相的 Ni_5Si 和 $R\text{-}3$ 相的 Ni_6Si 的声速度各向异性。声速度各向异性的定义式为 $AV_X = 100\% \times (V_{X\max} - V_{X\min})/[(V_{X\max} + V_{X\min})/2]$ (X=P, S)。图 5-7 中，坐标轴为 $X_1 = [100]$，$X_2 = [010]$，$X_3 = [001]$。每个图中的黑色方块和白色圆圈分别表示最大值和最小值的结晶方向。声速剖面图揭示了声速在不同晶体学方向上的分布特征。

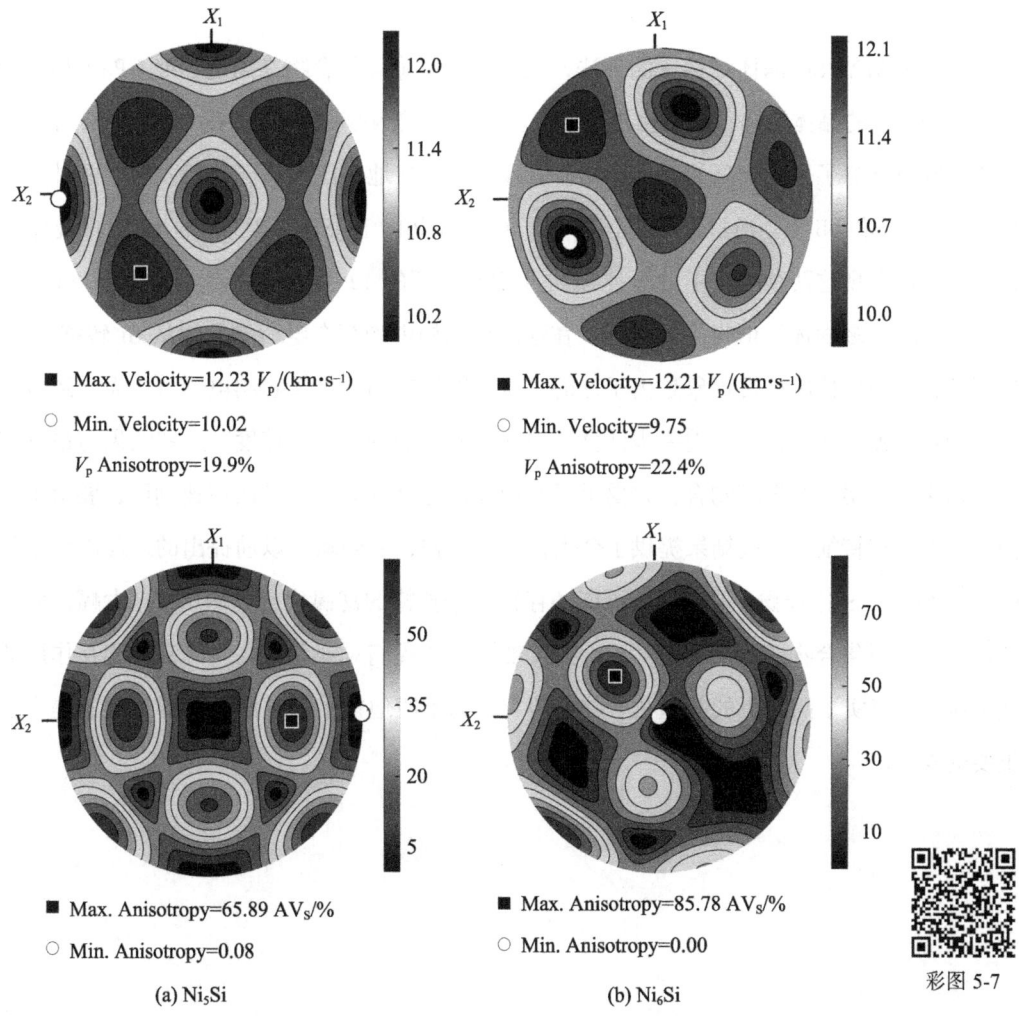

(a) Ni_5Si (b) Ni_6Si

图 5-7 Ni_5Si 和 Ni_6Si 在 350 GPa 下计算的纵波速度 V_P 和 S 波各向异性 AV_S 的立体投影

对于 $Cmmm$ 相的 Ni_5Si，P 波的最大传播速度出现在基底面上的[221]方向，为 12.23 km/s，最小传播速度出现在[010]方向，为 10.02 km/s，对应的纵波和横波速度各向异性（AV_P 和 AV_S）分别为 19.9%和 65.89%。相比之下，R-3 相的 Ni_6Si 的声速分布截然不同，其 P 波在[331]方向上的最快和最慢声速分别为 12.21 km/s 和 9.75 km/s，横波速度各向异性 AV_S 为 22.4%。其中，R-3 相的 Ni_6Si 的最大 AV_S 高达 85.78%，显著高于 $Cmmm$ 相的 Ni_5Si。这些显著差异可能是由于底层晶体结构不同所致。

本 章 小 结

利用 CALYPSO 晶体结构预测方法，我们研究了镍硅化合物在高达 350 GPa（相当于地核压强）下的晶体结构，并成功再现了实验观察到的 $NiSi_2$、$NiSi$、Ni_2Si 和 Ni_3Si 等晶体结构，同时预测了一系列新的晶体结构。有趣的是，在地核压力下，我们发现了两种新型化合物 Ni_5Si 和 Ni_6Si。通过评估地核压力下 $Cmmm$ 相的 Ni_5Si 和 R-3 相的 Ni_6Si 的化学键特性，我们发现这两种结构中的每种 Si 原子都与相邻的 12 个 Ni 原子配位，形成 Ni 顶点共享的 $SiNi_{12}$ 多面体。值得注意的是，在这两种结构中均存在电荷异常地从 Si 转移到 Ni 的现象，这种独特的反常现象是由于硅的 d 轨道能级较高，难以容纳电子，从而导致电荷从硅转移到镍。此外，我们进一步计算了镍硅化合物的密度和声速度。这些结果与最近有关地球条件的实验数据相吻合，并揭示了两种稳定化合物截然不同的声速剖面，展示了它们不同的地震特征。这些结果提供了令人信服的证据，表明除了以前提出的地球内核中的 Fe—Si 和 Fe—S 化合物，地球深部可能还存在一个独特的富镍化合物储层，这大幅扩展了地球深部含镍化合物的范围和范畴。这些发现丰富了我们对镍和硅之间的键合相互作用的基本认识，充实了高压下的新型化合物的研究，为阐明地核中显著的地震异常现象提供了重要的参考。

第 6 章　高压下 Si_3B 的结构和物性

硅硼化合物因其独特的电学与超导特性成为凝聚态物理领域的研究热点。本章基于第一性原理计算与晶体结构预测方法,系统探究了 Si_3B 在 0~200 GPa 压强下的结构演化、电子性质及物理性能,揭示了其潜在的应用价值。研究发现,Si_3B 在高压下经历两次一级相变:常压下基态结构为三角 $P3_121$ 相,30 GPa 时相变为单斜 $C2/m$ 相,64 GPa 时进一步转变为单斜 $P2_1/m$ 相。相变伴随体积坍塌,晶格参数随压力的增大逐渐收缩。声子谱与弹性常数分析表明,除常压 $P3_121$ 相外,其他相在对应压力下均具有动力学与力学稳定性。电子结构计算显示,3 种相均呈现金属性,费米能级附近态密度主要由 Si 的 $3p$ 轨道主导,且 Si-p 与 B-p 轨道存在强杂化,形成共价键。局域电子密度分析证实,B—Si 键具有显著共价特征,$P2_1/m$ 相中还存在 B—B 共价键。硬度预测表明,$C2/m$ 相与 $P2_1/m$ 相具有优异的力学性能。我们利用高发明、李克艳及 Šimůnek 3 种模型计算了其硬度,结果显示,$P2_1/m$ 相硬度达 14.2~19.2 GPa,显著高于 $C2/m$ 相(13.2~14.5 GPa),表明其为潜在硬质材料。超导电性研究发现,$C2/m$ 相(50 GPa)与 $P2_1/m$ 相(100 GPa)的电-声子耦合常数分别为 0.476 与 0.546,对应的超导临界温度 T_c 在赝势参数 λ^*=0.13 时可达 3.65 K 与 5.70 K,表明高压可显著提升其超导性能。本章研究首次揭示了 Si_3B 在高压下的复杂相变行为与物理特性,为其作为硬质材料与超导材料的开发提供了理论依据。研究结果不仅深化了对硅硼体系高压行为的理解,还为探索新型超硬及超导材料提供了新思路。

6.1　研究背景

硅的独特的半导体性能使它在当代的高技术领域广受关注,尤其是近几年,人们花费了大量的精力来研究它。研究发现,利用硅掺杂技术在硅中掺杂其他元素后,它的物理和化学性质会发生很大的变化,并可应用于应力设备、压力传感器、微电子机械系统和纳米机电系统等许多重要领域。此外,掺杂技术还可以揭示硅的其他方面的潜在应用[246-251]。

2006 年，Bustarret 等[252]利用气体浸没激光掺杂技术在立方硅晶体中掺杂高浓度的硼后，发现在 0.35 K 时出现超导现象，这证实了共价半导体可以作为导体材料开发的原料，其超导机理属于金属-超导体过渡类型。在这一发现的驱动下，大量的研究工作都在专注于寻找硅硼化合物的超导电性。2007 年，Bourgeois 等[253]利用第一性原理计算研究了立方硅掺杂硼的能带、震动模式及电子-声子耦合，这一工作证实了 Bustarret 等的报道并表示这一超导现象可以用标准的声子介导机制加以解释。Jong 等[254]基于密度泛函理论研究了硅掺杂硼体系的能量和电子性质，并表示超导临界温度只与硼掺杂的浓度相关。Marcenat 等利用气体浸没激光掺杂技术研究了在硅薄膜上掺杂不同浓度的硼时超导临界温度的变化，发现在掺杂浓度为 2%时超导临界温度为 40 mK，随着浓度的增加超导临界温度也在急剧的上升，在掺杂浓度达到 8%时，超导临界温度为 0.6 K[255]。Bhaduri 等[256]利用不同的实验手段研究了硅薄膜硼掺杂不同浓度的硼的光学性质、电子性质和结构特点。Grockowiak 等[257]利用脉冲激光器等实验手段，对于硅掺杂硼浓度从 2%到 10%的范围进行研究，发现这个范围内的超导临界温度可达约 250 mK。随后，他们又利用气体浸没激光掺杂技术通过对不同浓度的硼掺杂研究，发现超导临界温度取决于其外延层的硼掺杂剂量[258]。

基于以上的研究结果，我们对于硅硼化合物的超导性质产生了浓厚的兴趣，并利用基于密度泛函理论的第一性原理计算研究了 Si_3B 的结构特点和相关的物理性质。据我们所知，到目前为止还没有任何文献报道过 Si_3B 的晶体结构，这不禁使我们发问：是否存在稳定的晶体结构？如果存在，它的结构特点是什么？电子性质和硬度如何？它是否具有超导性质？带着这些问题，我们利用 CALYPSO 软件包预测了 0~200 GPa 区间内 Si_3B 的结构，并得到了 3 种稳定的高压结构 $P3_121$、$C2/m$ 和 $P2_1/m$。接着，我们研究了 $C2/m$ 相和 $P2_1/m$ 相的硬度，并发现 $C2/m$ 相是一个潜在的硬质材料。另外，我们还估算了这两种结构在高压下的超导临界温度。本章研究目的有：第一，研究高压下 Si_3B 的结构相变，并分析了相关结构的特点；第二，判断 Si_3B 的动力学稳定性和热力学稳定性；第三，分析 Si_3B 的电子性质及成键特点；第四，评估 Si_3B 的物理性质，包括硬度和超导临界温度。

6.2 计 算 方 法

利用基于粒子群优化算法的从头算计算软件包 CALYPSO[157, 234]，我们对 Si_3B 进行了晶体结构搜索。CALYPSO 软件包只需要知道材料的化学配比及所处的压力就可以进行材料的稳态和亚稳态的搜索，且该方法已经成功的预测出实验发现的单质、二元和三元体系的晶体结构[235, 259-260]。对于结构驰豫及电子性质的计算，我们采用的是基于密度泛函理论的 VASP 软件包[237]，采用广义梯度近似 GGA 和 Perdew-Burke-Ernzerhof 函数[103]作为交换关联函数。价电子波函数由 PAW (projector augmented wave)方法处理[84]，$2s^22p^1$ 和 $3s^23p^2$ 分别选为 B 原子和 Si 原子的价电子组态。我们采用 900 eV 的截断能和 k 点网格值 0.02 的 Monkhorst-Pack 方法，以保证收敛精度在 1 meV/atom。声子谱是利用超胞方法，通过 PHONOPY 和 VASP 软件相结合计算得到的[238]。电-声子相互作用参数是通过软件包 Quantum-Espresso 得到的[261]。对于所有结构参数进行统一取值，其中截断能约为 1 088 eV，k 点和 Q 点分别取 3×3×2 和 12×12×8。

6.3 结果与讨论

6.3.1 高压下 Si$_3$B 的结构特点

利用粒子群优化算法结合第一性原理计算，我们在 0~200 GPa 区间选取 Si$_3$B 的 1~8 倍胞进行结构搜索，并得到 9 个可能的稳态结构，空间群分别为：$P2_1/m$、$C2/m$、$Imm2$、$Cmcm$、$Immm$、$P4/mmm$、$P3_121$、P-$31m$ 和 $P6_322$。晶体结构如图 6-1 和图 6-2 所示，其中红色和绿色球分别代表 Si 原子和 B 原子。为了检验这些结构的热力学稳定性，我们计算了它们的形成焓。零压下的结构参数和形成焓如表 6-1 所示。可以看出这些结构的形成焓都是正值，说明它们都是热力学不稳定的。图 6-3 显示了 Si$_3$B 的焓差与压强的变化关系，即在 0~160 GPa 下，Si$_3$B 在不同结构下相对于 P-$31m$ 结构的焓差图。如图所示，Si$_3$B 的基态结构为 $P3_121$，随着压力的增大，在 30 GPa 处 Si$_3$B 相变为 $C2/m$ 结构，接着在 64 GPa 处相变为 $P2_1/m$ 结构。因此，Si$_3$B 在高压下的相变顺序为 $P3_121 \rightarrow C2/m \rightarrow P2_1/m$，相变压强分别为 30 GPa 和 64 GPa。

$P3_121$、$C2/m$ 和 $P2_1/m$ 3 种结构在给定压强下的晶格参数和形成焓的值见表 6-2。在给定压强下，它们的形成焓值均为负，说明它们是热力学稳定的。三角构型的 $P3_121$ 结构中一个晶胞包含 3 个 Si$_3$B 单元，Si 原子占据晶体学位置 6c(0.499, 0.917, 0.026)和 3a(0.909, 0.000, 0.333)，B 原子占据晶体学位置 3a(0.507, 0.507, 0.000)。在此结构中，Si 原子形成一个六面体，B 原子位于六面体内部。一个 B 原子被 5 个 Si 原子包围，B—Si 的键长范围为 2.019~2.023 Å。随着压强的增大，在 30 GPa 时，Si_3B 相变为单斜构型的 $C2/m$ 结构，一个晶胞中包含 4 个 Si_3B 单元。Si 原子占据 3 个晶体学位置 4i（0.532, 0.000, 0.653）、4i（0.931, 0.000, 0.080）和 4i（0.261, 0.000, 0.639），B 原子占据一个晶体学位置 4i（0.753, 0.000, 0.147）。随着压强的继续增大，在 64 GPa 时，Si_3B 相变为单斜构型的 $P2_1/m$ 结构。Si 原子占据晶体学 2e（0.101, 0.250, 0.635）、2e（0.217, 0.250, 0.926）和 2e（0.657, 0.750, 0.790）的位置，B 原子占据 2e（0.599, 0.750, 0.556）的位置。

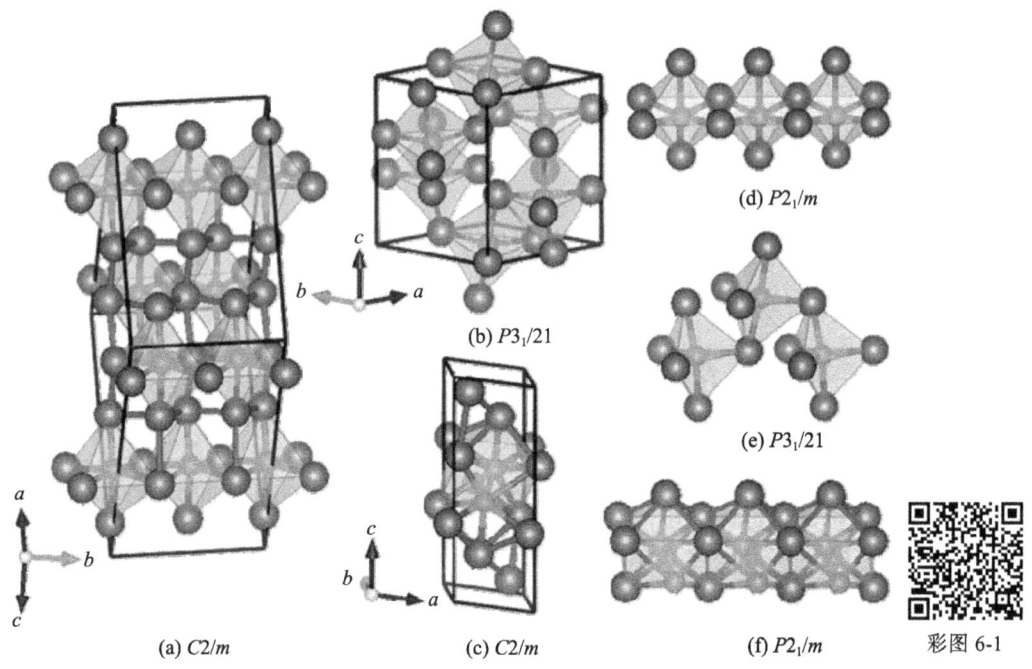

图 6-1　Si_3B 的晶体结构（1）

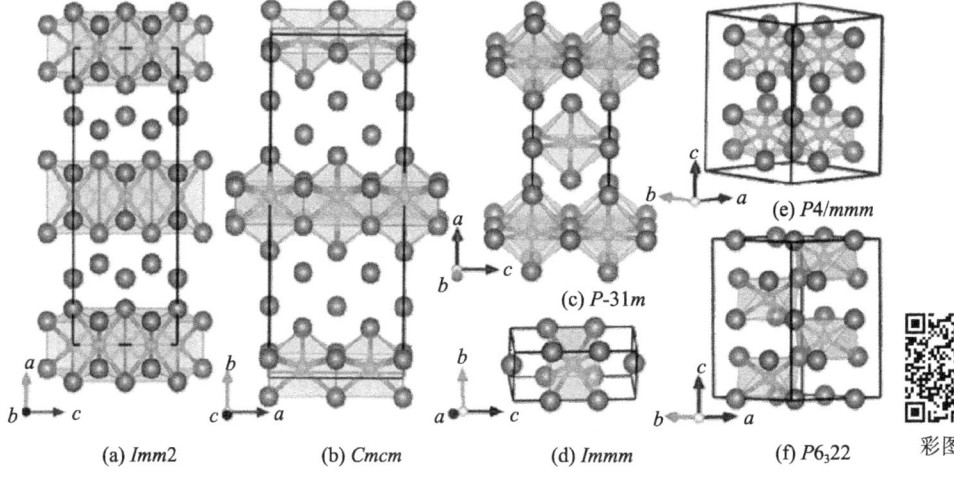

图 6-2　Si_3B 的晶体结构（2）

表 6-1 零压下 Si_3B 的结构参数和形成焓

space group	lattice parameters	atomic coordinates (fractional)	ΔH/eV
$P2_1/m$	$a = 3.49$ Å, $b = 3.03$ Å, $c = 10.63$ Å, $\alpha = \gamma = 90°$, $\beta = 95.8°$	Si 2e (−0.618, −0.250, 0.577) Si 2e (−0.904, −0.250, 1.018) Si 2e (−0.809, −0.750, 0.546) B 2e (−0.482, −0.750, −0.107)	0.55
$C2/m$	$a = 9.99$ Å, $b = 3.18$ Å, $c = 14.07$ Å, $\alpha = \gamma = 90°$, $\beta = 152.8°$	Si 4i (0.760, 0.000, 0.626) Si 4i (−0.801, 0.000, 0.051) Si 4i (1.079, 0.000, 0.680) B 4i (−0.453, 0.000, 0.169)	0.40
$Imm2$	$a = 16.09$ Å, $b = 2.92$ Å, $c = 4.25$ Å, $\alpha = \beta = \gamma = 90°$	Si 4c (0.123, 0.000, 0.893) Si 4c (0.421, 0.000, 0.860) Si 4c (0.273, 0.500, 0.939) B 2b (0.000, 0.500, 0.936) B 2a (0.500, 0.500, 0.199)	0.59
$Cmcm$	$a = 3.73$ Å, $b = 18.36$ Å, $c = 2.98$ Å, $\alpha = \beta = \gamma = 90°$	Si 4c (0.000, 0.197, 0.250) Si 4c (0.000, 0.059, 0.250) Si 4c (0.500, 0.142, 0.750) B 4c (0.000, 0.474, 0.250)	0.60
$Immm$	$a = 9.27$ Å, $b = 2.71$ Å, $c = 4.05$ Å, $\alpha = \beta = \gamma = 90°$	Si 4e (0.720, 0.500, 0.500) Si 2b (0.000, 0.500, 0.500) B 2a (0.000, 0.000, 0.000)	0.57
$P4/mmm$	$a = b = 2.77$ Å, $c = 6.39$ Å, $\alpha = \beta = \gamma = 90°$	Si 2g (0.000, 0.000, 0.694) Si 1c (0.500, 0.500, 0.000) B 1d (0.500, 0.500, 0.500)	0.80
$P3_121$	$a = b = 4.86$ Å, $c = 6.44$ Å, $\alpha = \beta = 90°$, $\gamma = 120°$	Si 6c (0.488, 0.903, 0.033) Si 3a (0.908, 0.000, 0.333) B 3a (0.504, 0.504, 0.000)	0.38
$P\text{-}31m$	$a = b = 5.30$ Å, $c = 4.15$ Å, $\alpha = \beta = 90°$, $\gamma = 120°$	Si 6k (0.000, 0.688, 0.763) B 2d (0.333, 0.667, 0.500)	0.49
$P6_322$	$a = b = 5.29$ Å, $c = 4.21$ Å, $\alpha = \beta = 90°$, $\gamma = 120°$	Si 6g (0.711, 0.711, 0.500) B 2c (0.333, 0.667, 0.250)	0.47

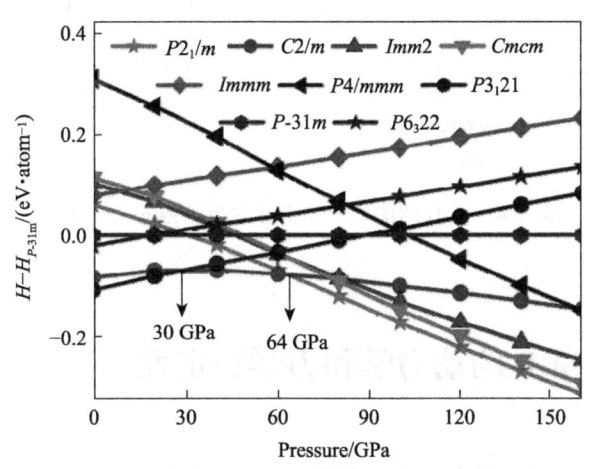

图 6-3 Si_3B 的焓差与压强的变化关系

图 6-4(a)给出了 Si_3B 的体积-压强图。结果显示，Si_3B 在两个压强相变点处都出现了体积坍塌，这说明两个相变均为一级相变。另外，图 6-4(b)显示的晶格参数与压强的关系表明，随着压强的增大晶格参数在逐渐变小。

表 6-2　不同压强下 Si_3B 的 $P3_121$、$C2/m$ 和 $P2_1/m$ 结构的结构参数和形成焓

space group	pressure/GPa	lattice parameters	atomic coordinates	ΔH/eV
$P3_121$	25	$a = b = 4.86$ Å, $c = 6.44$ Å, $\alpha = \beta = 90°, \gamma = 120°$	Si 6c (0.499, 0.917, 0.026) Si 3a (0.909, 0.000, 0.333) B 3a (0.507, 0.507, 0.000)	−0.10
$C2/m$	50	$a = 8.93$ Å, $b = 2.92$ Å, $c = 8.75$ Å, $\alpha = \gamma = 90°, \beta = 137°$	Si 4i (0.532, 0.000, 0.653) Si 4i (0.931, 0.000, 0.080) Si 4i (0.261, 0.000, 0.639) B 4i (0.753, 0.000, 0.147)	−0.50
$P2_1/m$	100	$a = 3.06$ Å, $b = 2.57$ Å, $c = 8.39$ Å, $\alpha = \gamma = 90°, \beta = 99.7°$	Si 2e (0.101, 0.250, 0.635) Si 2e (0.217, 0.250, 0.926) Si 2e (0.657, 0.750, 0.790) B 2e (0.599, 0.750, 0.556)	−1.69

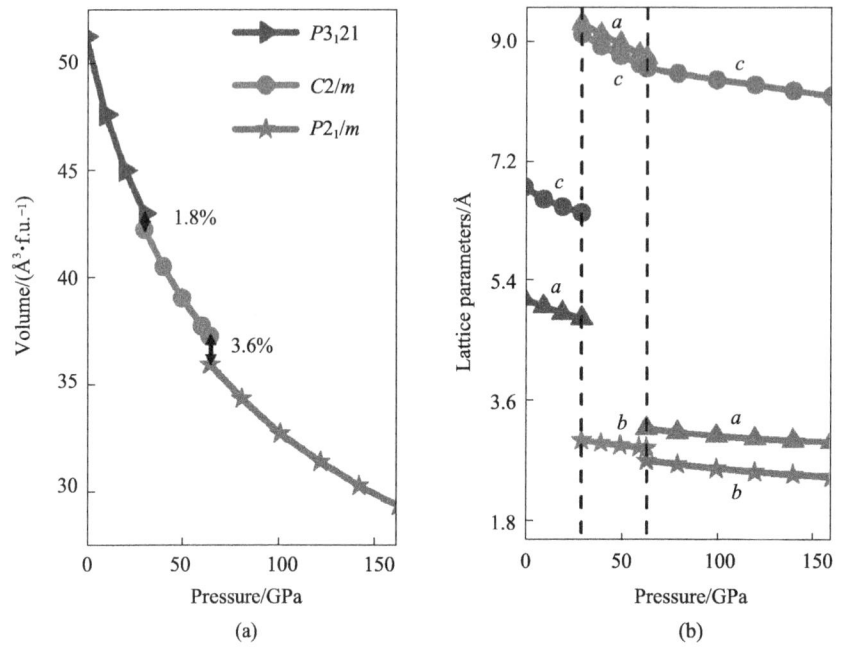

图 6-4　Si_3B 的体积和晶格参数与压强的变化关系

6.3.2　高压下 Si_3B 的动力学和力学稳定性

为了评估 Si_3B 的动力学和力学稳定性，我们分别计算了它们的声子谱和弹性常数。图 6-5 给出的沿晶体高对称方向的声子谱图显示，除了零压下 $C2/m$ 结构出现虚频导致动力学不稳定，$C2/m$ 在 25 GPa 下、$P3_121$ 在零压和 50 GPa 下，以及 $P2_1/m$ 在零压和 100 GPa 下均没有出现虚频，是动力学稳定的[262]。

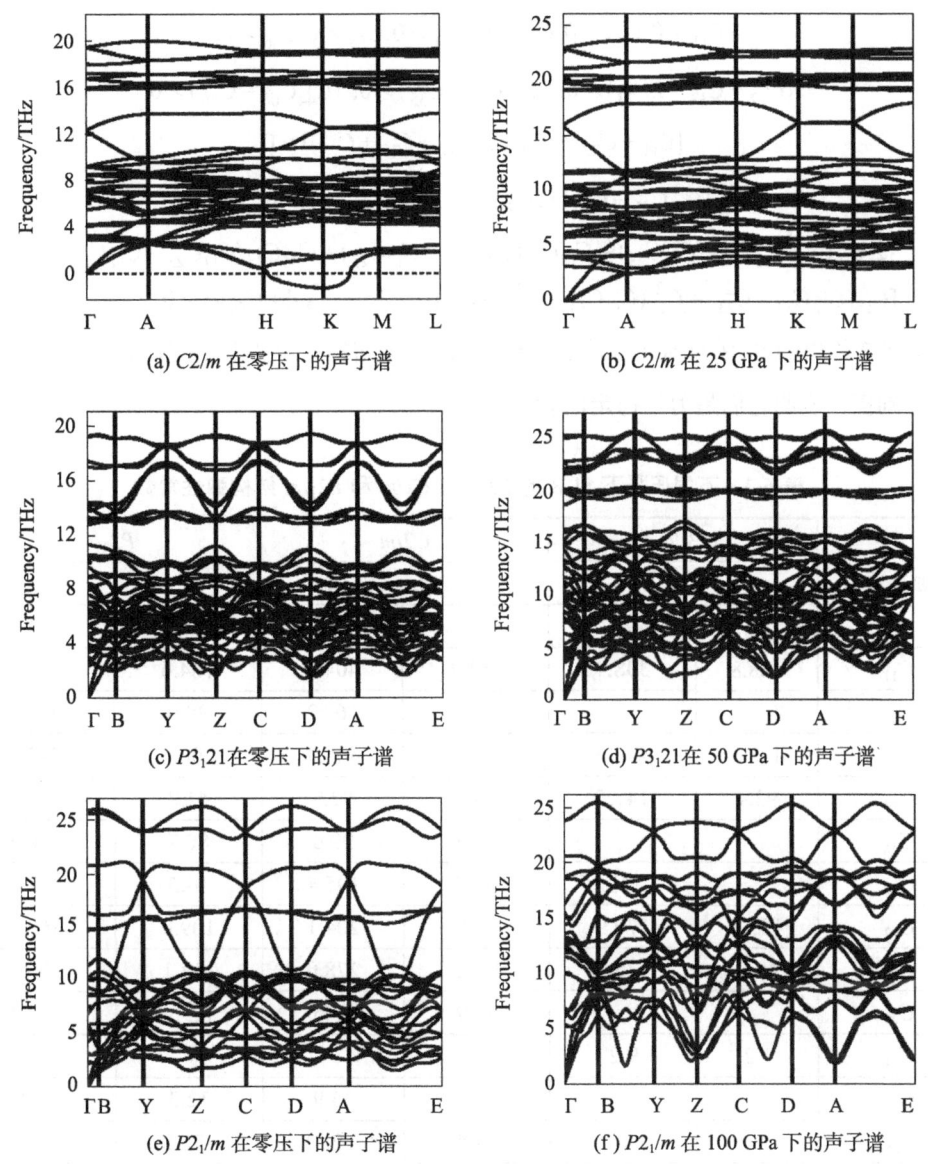

图 6-5 Si$_3$B 的声子谱

为了验证这些结构的力学稳定性,我们利用应变-应力方法计算了它们的弹性常数,结果见表 6-3。利用计算得到的弹性常数,根据力学稳定性判据,我们可以判断晶体的力学稳定性。三角晶体拥有 C_{11}、C_{33}、C_{44}、C_{12}、C_{13} 和 C_{14} 5 个独立项,其力学稳定性判据为[263]

$$(C_{11}-C_{12})>0,\ [(C_{11}-C_{12})C_{44}-2C_{14}^2)]>0,\ [(C_{11}+C_{12})C_{33}-2C_{13}^2]>0$$

单斜晶体拥有 C_{11}、C_{22}、C_{33}、C_{44}、C_{55}、C_{66}、C_{12}、C_{13}、C_{23}、C_{15}、C_{25}、C_{35} 和 C_{46} 13 个独立项,其力学稳定性判据为[173]

$$C_{11}>0, C_{22}>0, C_{33}>0, C_{44}>0, C_{55}>0, C_{66}>0,$$
$$(C_{22}+C_{33}-2C_{23})>0, (C_{33}C_{55}-C_{35}^2)>0, (C_{44}C_{66}-C_{46}^2)>0,$$
$$[C_{11}+C_{22}+C_{33}+2(C_{12}+C_{13}+C_{23})]>0,$$
$$[C_{22}(C_{33}C_{55}-C_{35}^2)+2C_{23}C_{25}C_{35}-C_{23}^2C_{55}-C_{25}^2C_{33}]>0,$$
$$\{2[C_{15}C_{25}(C_{33}C_{12}-C_{13}C_{23})+C_{15}C_{35}(C_{22}C_{13}-C_{12}C_{23})+C_{25}C_{35}(C_{11}C_{23}-C_{12}C_{13})]-$$
$$[C_{15}^2(C_{22}C_{33}-C_{23}^2)+C_{25}^2(C_{11}C_{33}-C_{13}^2)+C_{35}^2(C_{11}C_{22}-C_{12}^2)]+C_{55}g\}>0$$

表 6-3 给出的 Si_3B 的弹性常数的结果显示,3 种结构在零压和给定压强下均满足力学稳定性判据,说明它们是力学稳定的。

表 6-3 不同压强下 Si_3B 的 $P3_121$、$C2/m$ 和 $P2_1/m$ 结构弹性常数

独立项	$P3_121$		$C2/m$		$P2_1/m$	
	Pressure/GPa					
	0	25	0	50	0	100
C_{11}	168.8	308.4	151.4	404.2	184.6	678.1
C_{22}			247.7	568.2	99.9	537.7
C_{33}	183.5	428.5	157.6	445.4	208.4	745.9
C_{44}	93.4	147.5	14.8	92.8	41.8	150.6
C_{55}			25.5	99.0	80.7	126.5
C_{66}			45.8	195.4	44.5	272.0
C_{12}	105.1	179.9	32.2	204.1	109.0	360.5
C_{13}	68.0	125.9	109.5	278.0	112.1	309.8
C_{23}			43.9	75.5	115.4	370.2
C_{14}	1.2	9.2				
C_{15}			27.3	35.9	12.3	42.6
C_{25}			24.8	62.5	−25.8	−31.6
C_{35}			4.9	2.9	1.8	−10.8
C_{46}			15.4	36.6	5.1	16.5

注:弹性常数单位为 GPa。

6.3.3 高压下 Si_3B 的电子性质

为了进一步地了解这 3 种结构的电子性质,我们计算了它们的能带和态密度,如图 6-6 所示。由于 3 种结构能带图中的价带和导带均出现重叠的现象,说明它们均具有金属性,态密度的计算结果也证明了这一点。另外,从能带图上我们可以看出:$C2/m$ 沿着费米能

级 Γ-Y-A-B 出现扁平的能带，沿 D-E-C 出现陡峭的能带；而 $P2_1/m$ 沿着费米能级 Z-Γ-Y 出现扁平的能带，沿 Y-A-B 和 D-E-C 出现陡峭的能带。这预示着这两种结构具有超导电性。

从态密度图中，我们还可以看出 3 种结构的态密度组成很相似。3 种结构的态密度主要来源于 Si 原子的 3p 态，另外 Si 原子的 3s 态和 B 原子的 2p 态也有贡献，而 B 原子的 2s 态的贡献可以忽略不计。值得注意的是 Si 原子的 3p 态和 B 原子的 2p 态之间存在很强的杂化作用，说明这两个原子之间存在很强的共价键。

彩图 6-6

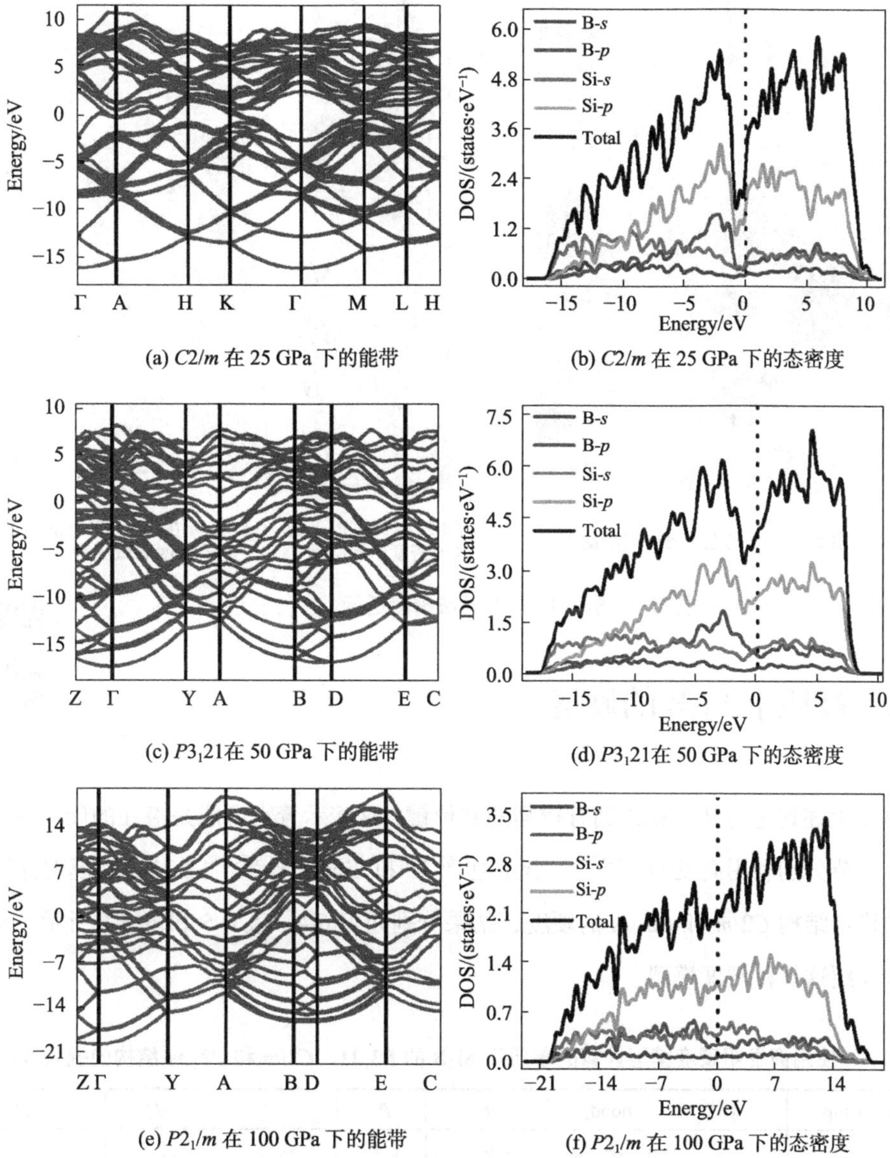

(a) $C2/m$ 在 25 GPa 下的能带

(b) $C2/m$ 在 25 GPa 下的态密度

(c) $P3_121$ 在 50 GPa 下的能带

(d) $P3_121$ 在 50 GPa 下的态密度

(e) $P2_1/m$ 在 100 GPa 下的能带

(f) $P2_1/m$ 在 100 GPa 下的态密度

图 6-6 Si_3B 的能带及态密度

为了能深入地探讨 Si_3B 的成键特点，我们还计算了 3 种结构的电子局域密度泛函。电子局域密度泛函是数值从 0 到 1 的一个等值曲线，它能帮助我们有效地区分金属键、共价键和离子键[264]。从图 6-7 中我们可以看出，在 3 种结构中，B—Si 之间都存在着较强的电子局域现象，说明它们之间有较强的共价键。另外，在 $P2_1/m$ 结构中，我们还可以看到在 B—B 之间有较强的电子局域作用，说明在这个结构中也存在较强的 B—B 共价键。

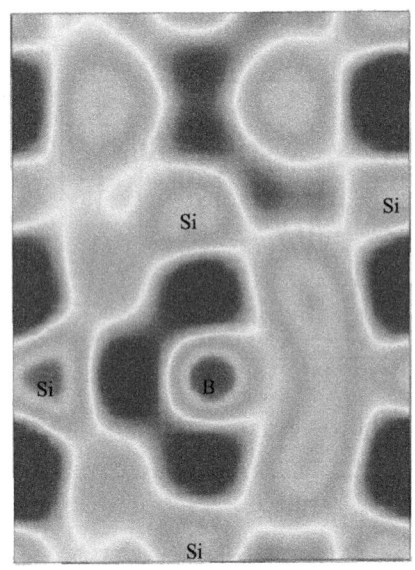 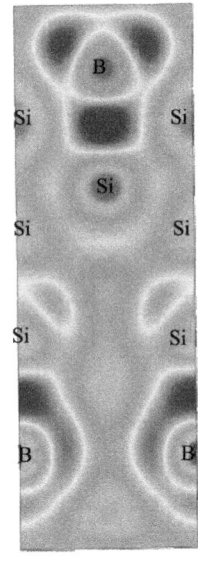 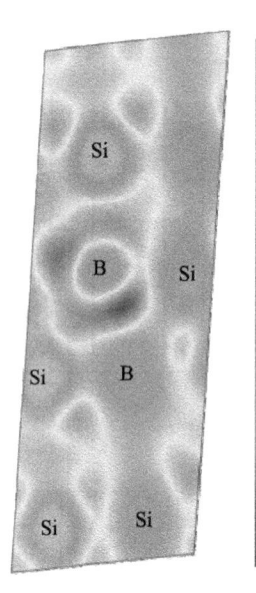

(a) $C2/m$ 在 25 GPa 下的电子密度局域泛函   (b) $P3_121$ 在 50 GPa 下的电子密度局域泛函   (c) $P2_1/m$ 在 100 GPa 下的电子密度局域泛函

图 6-7 Si_3B 的电子局域密度泛函

彩图 6-7

6.3.4 高压下 Si_3B 的硬度

基于上述讨论可知，Si_3B 拥有较强的共价键，这暗示着它可能是潜在的硬质材料。因此，本小节分别利用高发明[176-177]，李克艳[265-266]和 Šimůnek[267-268] 3 种硬度模型计算 Si_3B 的两种稳定结构 $C2/m$ 和 $P2_1/m$ 的硬度，结果分别如表 6-4、表 6-5 和表 6-6 所示。本小节将依次介绍这 3 种硬度模型。

表 6-4 使用高发明硬度模型计算的零压下 Si_3B 的 $P3_121$、$C2/m$ 和 $P2_1/m$ 结构的键长和硬度

space group	$V/Å^3$	bond$_{a-b}$	d^μ	P^μ	v_b^μ	H_v^μ	H_v
$C2/m$	204.11	B—Si	2.077	0.39	4.55	22.5	14.5
		B—Si	2.142	0.27	5.00	13.2	

续表

space group	$V/\text{Å}^3$	bond$_{a-b}$	d^μ	P^μ	v_b^μ	H_v^μ	H_v
		B—Si	2.149	1.15	5.04	56.9	
		B—Si	2.157	0.94	5.10	45.5	
		Si—Si	2.526	0.23	8.19	4.9	
		Si—Si	2.584	0.74	8.77	14.5	
		Si—Si	2.629	0.68	9.24	12.2	
		Si—Si	2.724	0.05	10.27	0.6	
$P2_1/m$	112.21	B—B	1.759	1.33	2.78	178.6	14.2
		B—Si	2.039	1.13	4.34	72.4	
		B—Si	2.306	0.01	6.27	0.4	
		Si—Si	2.516	0.74	8.14	16.6	
		Si—Si	2.528	1.41	8.26	30.9	
		Si—Si	2.542	0.54	8.40	11.5	

注：键长单位为 Å，硬度单位为 GPa。

表 6-5 使用李克艳硬度模型计算的零压下 Si$_3$B 的 $P3_121$、$C2/m$ 和 $P2_1/m$ 结构的键长和硬度

space group	$V/\text{Å}^3$	bond$_{a-b}$	n_a	n_b	R_a	R_b	CN$_a$	CN$_b$	H_k
$C2/m$	204.11	B—Si	3	4	0.80	1.18	1	1	13.2
		B—Si	3	4	0.80	1.18	1	1	
		B—Si	3	4	0.80	1.18	1	1	
		B—Si	3	4	0.80	1.18	1	1	
		Si—Si	4	4	1.18	1.18	1	1	
		Si—Si	4	4	1.18	1.18	1	1	
		Si—Si	4	4	1.18	1.18	1	1	
		Si—Si	4	4	1.18	1.18	1	1	
$P2_1/m$	112.21	B—B	3	3	0.80	0.80	1	1	19.2
		B—Si	3	4	0.80	1.18	1	1	
		B—Si	3	4	0.80	1.18	1	1	
		Si—Si	4	4	1.18	1.18	1	1	
		Si—Si	4	4	1.18	1.18	1	1	
		Si—Si	4	4	1.18	1.18	1	1	

注：键长单位为 Å，硬度单位为 GPa。

表 6-6 使用 Šimůnek 硬度模型计算的零压下 Si$_3$B 的 $P3_121$、$C2/m$ 和 $P2_1/m$ 结构的键长和硬度

Structure	$V/\text{Å}^3$	bond$_{a-b}$	d^μ	R_a	R_b	e_a	e_b	H
$C2/m$	204.11	B—Si	2.077	0.80	1.18	3.75	3.39	13.2
		B—Si	2.142	0.80	1.18	3.75	3.39	
		B—Si	2.149	0.80	1.18	3.75	3.39	
		B—Si	2.157	0.80	1.18	3.75	3.39	

续表

space group	V/Å^3	bond$_{a-b}$	d^μ	R_a	R_b	e_a	e_b	H
		Si—Si	2.526	1.18	1.18	3.39	3.39	
		Si—Si	2.584	1.18	1.18	3.39	3.39	
		Si—Si	2.629	1.18	1.18	3.39	3.39	
		Si—Si	2.724	1.18	1.18	3.39	3.39	
$P2_1/m$	112.21	B—B	1.759	0.80	0.80	3.75	3.75	17.8
		B—Si	2.039	0.80	1.18	3.75	3.39	
		B—Si	2.306	0.80	1.18	3.75	3.39	
		Si—Si	2.516	1.18	1.18	3.39	3.39	
		Si—Si	2.528	1.18	1.18	3.39	3.39	
		Si—Si	2.542	1.18	1.18	3.39	3.39	

注：键长单位为 Å，硬度单位为 GPa。

1. 高发明硬度模型

2003 年，高发明等[269]首次从微观角度解释硬度的本质，并建立了一个可以从理论上计算硬度的半经验模型[270]。他们认为硬度是共价晶体自带的属性之一，其大小取决于单位面积上所有化学键的强度。根据 Gilman 假设[271]，晶体中一个共价键的断裂必然伴随着一对成键电子从成键轨道跃迁进入反键轨道，因此，键强度可以通过成键轨道和反键轨道的能量差来表征。这时，共价晶体的硬度就可以用如下公式表示：

$$H = AN_a E_g = A\left(\sum_i n_i Z_i / 2V\right)^{2/3} E_g = A(N_e/2)^{2/3} E_g \tag{6-1}$$

其中，A 为比例系数，N_a 为单位面积上的共价键数目，E_g 为共价晶体的能隙，Z_i 为 i 原子的价电子数，n_i 为 i 原子的数目，V 为晶体体积，N_e 为价电子密度。值得指出的是，此公式只适用于纯共价晶体。

对于极性共价晶体，高发明等通过共价带隙 E_h 和极性带隙 C 引入了硬度的离子性修正 f_i，从而得到了新的硬度公式：

$$H_v = 556 \frac{N_a e^{-1.191 f_i}}{d^{2.5}} = 350 \frac{(N_e)^{2/3} e^{-1.191 f_i}}{d^{2.5}} \tag{6-2}$$

晶体中含有多种化学键时，硬度等于所有化学键硬度和的几何平均值：

$$H_v = \left[\prod_\mu^\mu (H_v^\mu)^{n^\mu}\right]^{1/\sum n^\mu} \tag{6-3}$$

2005 年，何巨龙等[272]在做硼体系的研究时发现，同种原子间成键也可能具有离子性，于是他们用化学键的重叠布居数 P 重新定义了离子性标度：

$$f_h = 1 - e^{-|P_c - P|/P} \tag{6-4}$$

其中，P_c 为特定构型的纯共价晶体中化学键的重叠布居数。他们通过大量的比较具有闪锌矿结构晶体的 f_h，发现它与 f_i 之间存在以下关系：

$$f_h = f_i^{1.36} \tag{6-5}$$

于是，

$$f_i = \left[1 - \exp\left(-|P_c - P|/P\right)\right]^{0.735} \tag{6-6}$$

之后，郭小菊等[270]考虑在某些体系中，价电子并非全部参与成键，还有一些会以自由电子的形式存在。于是她就设置了一个修正因子 $e^{-\beta f_m^n}$，其中，f_m 是金属性标度，β 和 n 是通过拟合得到的常数。那么修正后的硬度公式为

$$H_v = A(N_e)^{2/3} d^{-2.5} e^{-1.191 f_i - 32.2 f_m^{0.55}} \tag{6-7}$$

当体系中存在 d 电子且参与成键时，常数 A 的取值为 1051，否则为 350。

2006 年，高发明再次从化学键的重叠布居数出发，建立了新的硬度模型[176-177]：

$$H = A N_a (P/v_b) \tag{6-8}$$

其中，N_a 和 P 分别代表了单位面积上的化学键个数和 Mulliken 布居数，v_b 为键的体积。

2. 李克艳硬度模型

2008 年，李克艳等[265]从原子的电负性出发，提出了共价金属的硬度模型，并称之为电负性硬度模型：

$$H = p \frac{N}{V} \sqrt{\frac{\chi_a}{CN_a} - \frac{\chi_b}{CN_b}} e^{-\delta f_i} + q \tag{6-9}$$

其中，

$$f_i = \frac{\frac{1}{2}|\chi_a - \chi_b|}{2\sqrt{\chi_a \chi_b}} \tag{6-10}$$

其中，p、δ 和 q 是拟合常数，它们的值分别为 423.8、2.7 和 −3.4。N 是单位晶胞内的化学键个数，V 是单位晶胞体积，χ_a 和 χ_b 分别是原子 a 和 b 的电负性，CN_a 和 CN_b 分别是原子 a 和原子 b 的配位数，f_i 是键的电负性。

3. Šimůnek 硬度模型

2006 年，Šimůnek 等[267]结合离子性、键密度和重新定义的键强度的想法，提出了基

于第一性原理计算预测共价和离子晶体的半经验硬度公式：

$$H = (C/\Omega) \cdot S_{ij} = (C/\Omega) \cdot \sqrt{e_i e_j} / (d_{ij} n_{ij}) \quad (6\text{-}11)$$

其中，C 是比例系数，Ω 是一对原子的体积，S_{ij} 是原子 i 和 j 的成键强度，d_{ij} 是键长，n_{ij} 是键长固定为 d_{ij} 的 ij 成键个数，$e_i=Z_i/R_i$ 是基准能量，Z_i 是原子的价电子数。R_i 可以通过计算电荷密度得到：以原子 i 为中心，增大 R_i，当以 R_i 为半径的球内价电子数与 Z_i 相等时，即可获得 R_i 的值。2007 年，Šimůnek 又指出，R_i 可以近似为 Kittel 原子半径，两种方法计算的硬度值误差通常在 5%的范围以内。

对于复杂的结构体系，Šimůnek 使用 exp($-\sigma f_e$)对公式进行修正，可得到新的硬度公式[268]，

$$H = (C/\Omega) \cdot \sqrt{e_i e_j} / (d_{ij} n_{ij}) e^{-\sigma f_e} \quad (6\text{-}12)$$

其中，

$$f_e = \left(\frac{e_i - e_j}{e_i + e_j}\right)^2 = 1 - [2\sqrt{e_i e_j}/(e_i+e_j)]^2 \quad (6\text{-}13)$$

整个复杂晶体的硬度为独立二元体系硬度的几何平均数：

$$H = (C/\Omega) n [\prod_{i,j=1}^{n} N_{ij} S_{ij}]^{1/N} e^{-\sigma f_e} \quad (6\text{-}14)$$

$$f_e = 1 - \left[k\left(\prod_{i=1}^{k} e_i\right)^{1/k} \Big/ \sum_{i=1}^{k} e_i\right]^2 \quad (6\text{-}15)$$

其中，N_{ij} 是二元体系的数目，k 为体系中原子的个数。后来，Šimůnek 又重新修订了 S_{ij}，令其公式为

$$S_{ij} = \sqrt{e_i e_j}/d_{ij} n_i n_j \quad (6\text{-}16)$$

其中，n_i 和 n_j 为配位数，表示 R_i 可以用原子半径来替代。Šimůnek 再次拟合了公式里面的 C 和 Ω，使其分别等于 1 450 和 2.8。

基于高发明的硬度模型，我们计算的 $C2/m$ 和 $P2_1/m$ 的硬度分别为 14.5 GPa 和 14.2 GPa。基于李克艳的硬度模型，我们计算的 $C2/m$ 和 $P2_1/m$ 的硬度值分别为 13.2 GPa 和 19.2 GPa。基于 Šimůnek 的硬度模型，我们计算出来的 $C2/m$ 和 $P2_1/m$ 的硬度值分别为 13.2 GPa 和 17.8 GPa。通过以上计算，我们可以看出 $P2_1/m$ 拥有较高的硬度值，是一个潜在的硬质材料。值得注意的是，这 3 种硬度模型都是在键长和键的强度的基础上计算得到的，所以得到的硬度值相差不大也在情理之中。

6.3.5 高压下 Si_3B 的超导电性

1957 年，约翰·巴丁（John Bardeen）、里昂·库伯（Leon Neil Cooper）和约翰·施里弗（John Robert Schrieffer）提出了一种用于解释超导机制的微观理论——BCS 理论[273]。它认为超导现象是一种宏观的量子效应，并提出金属中自旋和动量相反的电子可以配对形成所谓"库珀对"，库珀对在晶格当中可以无损耗的运动，形成超导电流。大致上，其机理如下：电子在晶格中移动时会吸引邻近格点上的正电荷，导致格点的局部畸变，形成一个局域的高正电荷区。这个局域的高正电荷区会吸引自旋相反的电子，它们会与原来的电子以一定的结合能相结合配对。在很低的温度下，这个结合能可能高于晶格原子振动的能量，这样，电子对将不会与晶格发生能量交换，也就没有了电阻效应，从而进入超导状态。人们将处于超导状态的导体称为"超导体"。

BCS 理论是在电子-声子作用很弱的前提下，以近自由电子模型为基础建立起来的理论。McMillan 在 Eliashberg 方程的基础上通过合理的简化近似，得到了一个半经验的超导临界温度强耦合公式[274]：

$$T_c = \frac{\Theta_D}{1.45}\exp\left[-\frac{1.04(1+\lambda)}{\lambda-\mu^*(1-0.62\lambda)}\right] \qquad (6\text{-}17)$$

其中，Θ_D 为德拜温度，λ 代表材料的电声耦合系数。这个公式可以进行大部分超导材料的计算，但是对于 $\lambda>1$ 的情况并不适用。为此，Allen 和 Dynes 对上述 McMillan 公式进行了修正：

$$T_c = \frac{\omega_{\log}}{1.2}\exp\left[-\frac{1.04(1+\lambda)}{\lambda-\mu^*(1+0.62\lambda)}\right] \qquad (6\text{-}18)$$

其中，

$$\omega_{\log} = \exp\left[\frac{\lambda}{2}\int d\omega \ln(\omega)\frac{\alpha^2 F(\omega)}{\omega}\right] \qquad (6\text{-}19)$$

式（6-19）是目前应用最广泛的 McMillan 公式，且研究表明，对于 $\lambda<1.5$ 的范围，这个公式是准确的。从前面的能带计算中，我们发现 Si_3B 的 *C2/m* 和 *P2$_1$/m* 结构可能具有超导电性。为了验证这一猜测，我们利用 Allen 和 Dynes 修订过的 McMillan 公式计算了它们在高压下的超导电性[275]，结果见表 6-7。

表 6-7　高压下 Si_3B 的 $C2/m$ 和 $P2_1/m$ 结构的超导临界温度及相关参数

space group	pressure/GPa	$\omega_{\log}$	$N(\varepsilon_f)$	λ	T_c (μ^*=0.10)	T_c (μ^*=0.13)
$C2/m$	50	366.49	13.55	0.47	3.64	2.08
$P2_1/m$	100	338.64	13.61	0.54	5.69	3.73

对于 50 GPa 下的 $C2/m$ 和 100 GPa 下的 $P2_1/m$，我们计算得到的电-声子耦合常数 λ 的值分别为 0.47 和 0.54，声子谱频率的算术平均值 $\omega_{\log}$ 分别为 366.49 K 和 338.64 K。当屏蔽库伦赝势 μ^* 分别取值 0.10 和 0.13 时，我们计算得到 50 GPa 下 $C2/m$ 的超导临界温度分别为 2.08 K 和 3.64 K，100 GPa 下 $P2_1/m$ 的超导临界温度分别为 3.73 K 和 5.69 K。

本 章 小 结

基于第一性原理计算结合粒子群优化算法，我们研究了 Si_3B 在高压下的 3 种相变结构，其空间群分别为 $P3_121$、$C2/m$ 和 $P2_1/m$。计算结果显示，Si_3B 的基态结构为 $P3_121$，随着压力的增大，在 30 GPa 下 Si_3B 相变为 $C2/m$ 结构，接着在 64 GPa 下相变为 $P2_1/m$ 结构。形成焓、弹性常数和声子谱的计算结果显示，高压下它们都是稳定的。能带、态密度和电子局域密度泛函的计算表明它们都具有金属性，且存在较强的共价键。高压下能带的计算结果表明 $C2/m$ 结构和 $P2_1/m$ 结构均具有超导电性。在屏蔽库伦赝势 μ^* 分别取 0.13 和 0.10 时，在 50 GPa 下 $C2/m$ 结构的超导临界温度分别为 2.08 K 和 3.64 K，在 100 GPa 下 $P2_1/m$ 结构的超导临界温度分别为 3.738 K 和 5.697 K。另外，我们分别用高发明、李克艳和 Šimůnek 3 种硬度模型计算了 Si_3B 的 $C2/m$ 结构和 $P2_1/m$ 结构的硬度，并预测 $P2_1/m$ 是一个潜在的硬质材料。最后，希望我们的计算结果可以对未来有关超导电性和硬度方面的研究提供一定的理论指导。

第 7 章　高压下 Si_3N_4 的结构和物性

氮化硅（Si_3N_4）作为一种重要的共价键化合物，因优异的高温稳定性和力学性能，被广泛应用于光电子、机械工程等领域。本章基于第一性原理计算与晶体结构预测方法，系统探究了 Si_3N_4 在 0~200 GPa 压强下的结构演化、电子性质及力学性能，揭示了其高压行为的微观机制。研究发现，Si_3N_4 在高压下经历两次结构相变：常压基态为六方 β-Si_3N_4（$P6_3/m$），11.7 GPa 时转变为立方尖晶石相 c-Si_3N_4（Fd-$3m$），144.6 GPa 时进一步转变为单斜 $P2_1/c$ 相。$P2_1/c$ 相为首次预测的高压新相，其结构由 SiN_6 八面体构成，Si 原子呈六配位。声子谱与弹性常数分析表明，各相在对应压力下均具有动力学与力学稳定性。电子结构计算显示，β-Si_3N_4、c-Si_3N_4 和 $P2_1/c$-Si_3N_4 均为半导体，带隙分别为 4.24 eV、3.85 eV 和 4.47 eV（GGA 泛函），HSE 杂化泛函修正后分别为 5.7 eV、5.2 eV 和 6.0 eV。价带主要由 N 原子的 $2p$ 态主导，导带由 Si 原子的 $3p$ 态贡献，N-p 与 Si-p 轨道的强杂化形成共价键。Bader 电荷分析表明，随着压力的增大，N 原子获得的电子数从 2.24e 增至 2.38e，共价性增强。力学性能研究表明，c-Si_3N_4 与 $P2_1/c$-Si_3N_4 具有优异的硬度。常压下 c-Si_3N_4 硬度达 38.2 GPa，接近实验值（35.3 GPa）；$P2_1/c$ 相在 200 GPa 时硬度提升至 44.6 GPa，显著高于 β 相（11.6 GPa）。B/G 显示，β 相和 $P2_1/c$ 相呈现延展性，而 c 相在高压下由脆性转变为延展性。本章研究首次揭示了 Si_3N_4 在超高压下的复杂相变行为，预测了新型 $P2_1/c$ 相的存在，并阐明了其电子与力学特性。本章结果为理解高压下共价化合物的结构演化提供了理论依据，同时为开发新型超硬材料提供了候选体系。本章研究结果对高压物理学及功能材料设计具有重要参考价值。

7.1　研究背景

氮化硅既是优良的高温、高压材料，又是新型的功能材料，它因优异的物理和化学性质，被广泛应用于光电子工业、微电子工业、汽车工业、机械工业、化工和陶瓷切削加工工具等[276-278]。氮化硅属于共价键结合的化合物，分子式为Si_3N_4，它是由自然界中含量相对较高的 Si 元素和 N 元素构成的，并于 1957 年首次公布于世[279]。到目前为止，人们在实验中发现的能够稳定存在的 Si_3N_4 结晶结构有 3 种，分别为 α-Si_3N_4、β-Si_3N_4 和 γ-Si_3N_4（即 c-Si_3N_4）[280-282]。其中，α-Si_3N_4 和 β-Si_3N_4 两相是在常压下制备获得的，但分属于不同的空间群，分别为 $P31c$ 和 $P6_3/m$[283-284]。α-Si_3N_4 和 β-Si_3N_4 均为六方晶型，由$[SiN_4]^+$四面体基本结构单元组成，位于四面体中心的是硅原子，四面体的 4 个顶点被氮原子所占据，而每一个氮原子被 3 个四面体公用，在三维空间网络上不断延伸。α-Si_3N_4 和 β-Si_3N_4 的结构差异可以用$[SiN_4]^+$四面体堆叠方式不同来解释，α-Si_3N_4 结构是通过 ABCDABCD 方式堆叠基础平面而形成的，而 β-Si_3N_4 结构是通过 ABAB 方式堆叠而形成的。γ-Si_3N_4 属于立方晶系，空间群为 Fd-$3m$，它需要在高压 15 GPa 及温度高于 2 000 K 的条件下合成，暂时还未有实际应用[285]。随后，许多研究者对 Si_3N_4 的三相之间的晶体结构相变、机械性能进行了理论研究。研究结果表明，在环境压力下，温度位于 0~2 000 K 范围内时，β-Si_3N_4 的能量低于 α-Si_3N_4，并且随着压力的增大，β-Si_3N_4 比 α-Si_3N_4 更稳定，因此，在低温时 α-Si_3N_4 是亚稳态，而非基态。在压力和温度作用下，Si_3N_4 的基态 β-Si_3N_4 会相变为 γ-Si_3N_4[286]。

除了上述 3 种 Si_3N_4 化合物，Kroll 等[287]在 2003 年提出了一种具有类似 C_3N_4 结构的框架结构的 wII-Si_3N_4 结构，其空间群为 $I4$-$3d$，它在能量上比 γ-Si_3N_4 更稳定。但是，根据 Si_3N_4 的焓-压曲线，wII-Si_3N_4 不能通过平衡热力学使用共同的压力来获得。Yamanaka 和 Kroll 等[288-289]分别通过原子替换的方法利用第一性原理计算方法研究了 $CaTi_2O_4$ 型 Si_3N_4，空间群为 $Cmcm$。在此结构中，硅是六重配位的，这种结构可以在高压条件下获得。然而根据第一性原理计算的结果可知，该结构目前被认为是机械和动力不稳定的。2015 年，崔等[290]找到了 Si_3N_4 的 3 种潜在的亚稳结构 t-Si_3N_4、m-Si_3N_4 和 o-Si_3N_4，空间群分别为 I-$42m$、Cm 和 $Pbca$，其中，t-Si_3N_4 和 m-Si_3N_4 在零压下的焓值介于稳定相 β 和高压相 γ 之间，o-Si_3N_4 相是一种高压相。崔等采用 CASTEP 模块对所选取的结构进行了结构优化、稳定性判定，以及力学与电学性能的预测，研究发现，3 种结构都是具有宽带隙的硬质材料，随着压力的增大，它们都会发生由脆性材料向韧性材料的转变，并且转变为超硬材料。2023 年，吴等[291]提出了 4 种具有窄禁带的结构 hp-Si_3N_4、cp-Si_3N_4、oc-Si_3N_4 和 ti-Si_3N_4，其空间群分别为 $P6_3mc$、P-$43m$、$Cmmm$ 和 I-$42d$，并计算了这 4 种结构和 t-Si_3N_4 以及 o-Si_3N_4 之间的结构相变，并进一步计算了它们的电子性质和弹性性质。结果表明，hp-Si_3N_4、cp-Si_3N_4 和 ti-Si_3N_4 3 种结构是具有间接带隙的半导体，带隙值分别为 3.97 eV、2.67 eV 和 2.82 eV，而 oc-Si_3N_4 是带隙值为 0.754 eV 的直接带隙半导体。这 4 种结构都是力学和动力学稳定的，

且硬度与 α、β 和 γ 相的硬度相当。

在过去的几十年里，Si_3N_4 的多种性质在理论和实验上均得到了广泛的研究，例如，结构和电子性质、振动特性、介电特性、热性能、热力学性能、力学性能和相变特征[292-303]。但是在以上的研究中，一个普遍的问题是：没有考虑温度或压力对氮化硅性能的影响。然而，高温或高压是 Si_3N_4 的普遍应用环境[298, 304]。除此之外，大多数的研究集中于 β-Si_3N_4 和 γ-Si_3N_4，而其他的相则被忽略。对于 Si_3N_4 晶体的相变顺序，尤其是在 50~350 GPa 压强范围内的相变顺序至今仍不清晰。另外，对于新型 Si_3N_4 亚稳态结构的设计，之前大部分的研究延续的是传统的原子替换的方法，即用新原子替换已知晶体结构数据库中的晶体结构中的原子，然后再进行优化以找到最佳的结构。虽然这种方法可以快速构建结构并进行理论计算来确定其各种物理性质，但是利用这种方法往往会忽略掉许多未知的结构。基于此，本章拟采用基于粒子群优化算法的 CALYPSO 晶体结构预测方法对 Si_3N_4 进行高压下的晶体结构搜索，该方法只根据材料的化学配比和外界条件（如压力和温度），就可以预测材料的基态及亚稳态结构，并进行有效的功能材料（如超导、超硬材料等）的设计。利用 CALYPSO 晶体结构预测方法对 Si_3N_4 进行晶体结构搜索后，利用第一性原理计算方法，建立高压条件下的相图并验证其力学和动力学稳定性，确定其不同压力范围内的稳定结构，并预测这些稳定结构的弹性性质，电子性质、硬度和光学性质等，从而从该体系中筛选出性能优异的超硬和光学材料。

7.2 计算方法

利用基于粒子群优化算法的 CALYPSO 晶体结构预测方法[157, 234, 305]，我们对在 101.325 kPa~200 GPa 压强范围内的晶体结构进行了全面的预测。在使用 CALYPSO 结构预测方法时只需给出化学配比和外界条件即可准确预测出晶体结构。目前，该方法的有效性和可靠性已经得到了广泛的实验验证，CALYPSO 软件包现在已经成为国内外同行开展晶体结构预测和功能材料设计的有力工具[306-310]。第一性原理计算采用了基于密度泛函理论（DFT）框架的 VASP 软件包，交换关联函数采用广义梯度近似 GGA 和 Perdew-Burke-Ernzerhof 函数[80, 103, 237]。$3s^23p^2$ 和 $2s^22p^3$ 分别被选为 Si 原子和 N 原子的价电子组态。为确保模拟的准确性，我们将平面波的截断能设定为 600 eV，并精心选择了 Monkhorst-Pack k-meshes，以确保模拟系统的焓收敛性达到精确的 1 meV/atom。我们利用有限位移法通过结合 PHONOPY[238]和 VASP 软件计算了 Si_3N_4 的声子谱。此外，我们还通过计算弹性常数深入研究了机械性能，方法是在优化的单元格中施加微小应变，然后计算由此产生的应力张力[311]。

7.3 结果与讨论

7.3.1 高压下 Si_3N_4 的结构特点

为了获得 Si_3N_4 在高压下的热力学稳定结构，我们采用 CALYPSO 结构预测方法在 0~200 GPa 压强范围内使用原胞的 1~8 倍分子式进行结构预测。通过对预测结构的分析，我们得到了空间群为 Cm、$C2/m$、$P2_1/c$、$Pbca$、$Pnma$、$I\text{-}42m$、$I\text{-}43d$ 的候选结构，这些结构在零压下的具体晶格参数和原子坐标如表 7-1 所示。首先，本次计算重现了 Si_3N_4 在实验中得到的 3 种结构，分别是常压下的稳态结构 $\beta\text{-}Si_3N_4$ 和亚稳态结构 $\alpha\text{-}Si_3N_4$，以及高压结构 $c\text{-}Si_3N_4$[283, 285, 312]。其次，本次计算还重现了文献已报道过的理论预测的亚稳态结构 Cm、$C2/m$、$Pbca$、$Pnma$、$I\text{-}42m$、$I\text{-}43d$[287, 290]。实验和理论结构的成功重现验证了 CALYPSO 结构预测方法应用于 Si_3N_4 的合理性。为了检验这些结构的热力学稳定性，我们计算了它们在 0~200 GPa 压强范围内的形成焓，各结构相对于 $Pnma$ 结构的焓压关系如图 7-1 所示。通过焓值比较，我们发现，$\beta\text{-}Si_3N_4$ 在 0~11.7 GPa 压强范围内是稳定的，同时可以发现，$\beta\text{-}Si_3N_4(P6_3/m)$ 的焓值曲线和 $\alpha\text{-}Si_3N_4(P31c)$ 非常接近（图 7-1 嵌图），说明这两个结构在低压范围下的能量非常接近。随着压强的升高，$\beta\text{-}Si_3N_4$ 在 11.7 GPa 时相变为 $c\text{-}Si_3N_4$，这与文献报道的结果一致，说明我们的计算结果的可靠性[287, 313]。随着压强的继续增大，达到 144.6 GPa 时，$c\text{-}Si_3N_4$ 相变为 $P2_1/c$ 结构。因此，Si_3N_4 在 0~200 GPa 压强范围内的相变顺序为 $\beta\text{-}Si_3N_4 \rightarrow c\text{-}Si_3N_4 \rightarrow P2_1/c$，相变压强分别为 11.7 GPa 和 144.6 GPa。

表 7-1　零压下 Si_3N_4 的晶格参数和原子坐标

space group	lattice parameters	atomic coordinates (fractional)
Cm	$a = 9.633$ Å, $b = 2.939$ Å, $c = 7.446$ Å, $\alpha = \gamma = 90°$, $\beta = 133.5°$	Si 2a (0.842, 0.000, 0.549) Si 2a (0.288, 0.000, 0.834) Si 2a (0.983, 0.000, 0.300) N 2a (0.210, 0.000, 0.399) N 2a (0.875, 0.000, 0.813) N 2a (0.366, 0.000, 0.127) N 2a (0.536, 0.500, 0.579)

续表

space group	lattice parameters	atomic coordinates (fractional)
$Cm^{[290]}$	a = 9.512 Å, b = 2.904 Å, c = 7.353 Å, $\alpha=\gamma$ = 90°, β =133.41°	Si 2a (0.842, 0.000, 0.548) Si 2a (0.288, 0.000, 0.834) Si 2a (0.984, 0.000, 0.300) N 2a (0.210, 0.000, 0.401) N 2a (0.874, 0.000, 0.811) N 2a (0.367, 0.000, 0.128) N 2a (0.536, 0.500, 0.579)
$C2/m$	a = 9.878 Å, b = 2.806 Å, c = 4.681 Å, $\alpha=\gamma$ = 90°, β = 63.8°	Si 4i (0.707, 0.500, 0.809) Si 2d (0.500, 0.000, 0.500) N 4i (0.870, 0.500, 0.930) N 4i (0.868, 0.000, 0.476)
$P2_1/c$	a = 2.843 Å, b = 9.478 Å, c = 5.379 Å, $\alpha=\gamma$ = 90°, β =124.3°	Si 4e (−0.554, 0.151, −0.063) Si 2d (−0.500, 0.500, 0.000) N 4e (−0.706, 0.686, −0.204) N 4e (0.730, 0.458, 0.751)
$Pbca$	a = 4.955 Å, b = 9.454 Å, c = 4.966 Å, $\alpha=\beta=\gamma$ = 90°	Si 8c (0.051, 0.850, 0.955) Si 4b (0.000, 0.000, 0.500) N 8c (0.329, 0.961, 1.342) N 8c (0.424, 0.814, 0.885)
$Pbca^{[290]}$	a = 4.901 Å, b = 9.356 Å, c = 4.910 Å, $\alpha=\beta=\gamma$ = 90°	Si 8c (0.051, 0.850, 0.455) Si 4b (0.000, 0.000, 0.000) N 8c (0.328, 0.960, 0.843) N 8c (0.425, 0.813, 0.385)
$pnma$	a = 9.526 Å, b = 5.577 Å, c = 4.575 Å, $\alpha=\beta=\gamma$ = 90°	Si 4c (0.774, 0.250, 0.990) Si 4c (0.593, 0.250, 0.440) Si 4b (0.500, 0.000, 0.000) N 8d (0.663, 0.005, 0.257) N 4c (0.592, 0.250, 0.812) N 4c (0.929, 0.250, 0.243)
I-42m	a = b = 4.178 Å, c = 8.280 Å, $\alpha=\beta=\gamma$ = 90°	Si 2b (0.500, 0.500, 0.000) Si 4d (0.500, 0.000, 0.750) N 8i (0.727, 0.273, 0.866)
I-42$m^{[290]}$	a = b = 4.131 Å, c = 8.168 Å, $\alpha=\beta=\gamma$ = 90°	Si 2b (0.500, 0.500, 0.000) Si 4d (0.500, 0.000, 0.750) N 8i (0.726, 0.274, 0.865)
$P6_3/m$	a = b = 7.661 Å, c = 2.925 Å, $\alpha=\beta$ = 90°, γ =120°	Si 6h (0.175, 0.769, 0.250) N 6h (0.330, 0.031, 0.250) N 2c (0.333, 0.667, 0.250)
$P6_3/m^{[280]}$	a = b = 7.606 Å, c = 2.909 Å	
$P6_3/m^{[314]}$	a = b = 7.622 Å, c = 2.910 Å	
$P31c$	a = b = 7.809 Å, c = 5.660 Å, $\alpha=\beta$ = 90°, γ = 120°	Si 6c (0.512, 0.082, 0.196) Si 6c (0.167, 0.253, 0.987) N 6c (0.345, 0.955, 0.968) N 6c (0.319, 0.314, 0.233) N 2a (0.000, 0.000, 0.988) N 2b (0.333, 0.667, 0.640)
$P31c^{[315]}$	a = b = 7.766 Å, c = 5.615 Å	
$P31c^{[314]}$	a = b = 7.791 Å, c = 5.614 Å	
I-43d	a = b = c = 6.488 Å, $\alpha=\beta=\gamma$ = 90°	Si 12b (0.875, 0.000, 0.250) N 16c (0.281, 0.281, 0.281)
I-43$d^{[287]}$	a = b = c = 6.475 Å, $\alpha=\beta=\gamma$ = 90°	
Fd-3m	a = b = c = 7.787 Å, $\alpha=\beta=\gamma$ = 90°	Si 8b (0.000, −0.500, 0.000) Si 16c (0.625, 0.125, 0.625) N 32e (0.382, −0.118, 0.382)
Fd-3$m^{[282]}$	a = b = c = 7.80±0.8 Å	
Fd-3$m^{[314]}$	a = b = c = 7.837 Å	

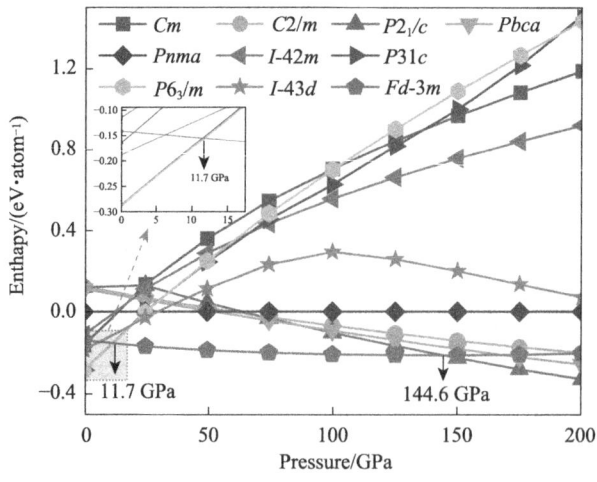

图 7-1 Si$_3$N$_4$ 的焓差与压强的变化关系

相应压力下 Si$_3$N$_4$ 的热力学稳定相的晶体结构的结构参数和形成焓如表 7-2 所示，晶体结构如图 7-2 所示。如表 7-2 所示，β-Si$_3$N$_4$ 和 c-Si$_3$N$_4$ 的晶格参数与已报道过的实验值和理论值都符合得很好[283, 285, 290]。3 种结构的形成焓值均为负值，说明它们在给定压力下都是热力学稳定的。Si$_3$N$_4$ 的基态结构 β-Si$_3$N$_4$ 是空间群为 P6$_3$/m 的六方结构，每个晶胞中含有两个 Si$_3$N$_4$ 单元。该结构中的 N 原子分别占据 6h (0.329, 0.030, 0.250) 和 2c (0.333, 0.666, 0.250) Wyckoff 位点，Si 原子占据 6h (0.175, 0.768, 0.250) Wyckoff 位点。该结构由共用顶角 N 原子的 SiN$_4$ 四面体构成，Si 原子为四配位。c-Si$_3$N$_4$ 是空间群为 Fd-3m 的尖晶石结构，每个晶胞中含有 8 个 Si$_3$N$_4$ 单元。在该结构中，2/3 的 Si 原子为六配位，1/3 的 Si 原子为四配位。其中，Si 原子的 Wyckoff 占位为 8a (0.000, 0.000, 0.000) 和 16d (0.625, 0.625, 0.625)，N 原子的 Wyckoff 占位为 32e (0.381, 0.381, 0.381)。Si$_3$N$_4$ 的高压结构 P2$_1$/c 相为六角结构，每个晶胞中含有两个 Si$_3$N$_4$ 单元。该结构由共用顶角 N 原子的 SiN$_6$ 四面体构成，Si 原子为六配位。在该结构中，Si 原子占据 4e (−0.792, 0.148, −0.033) 和 2c (−1.000, 0.500, 0.000) Wyckoff 位点，N 原子占据 4e (−1.307, 0.686, −0.182) 和 4e (0.063, 0.446, 0.717) Wyckoff 位点。

表 7-2 Si$_3$N$_4$ 的晶格常数、原子坐标和形成焓

space group	pressure/GPa	lattice parameters	atomic coordinates (fractional)	ΔH/eV
P6$_3$/m	0	a = b = 7.661 Å, c = 2.925 Å, α = β = 90°, γ = 120°	Si 6h (0.175, 0.769, 0.250) N 6h (0.330, 0.031, 0.250) N 2c (0.333, 0.667, 0.250)	−1.093
P6$_3$/m[2]	0	a = b = 7.606 Å, c = 2.909 Å		
P6$_3$/m[3]	0	a = b = 7.622 Å, c = 2.910 Å		
Fd-3m	50	a = b = c = 7.787 Å, α = β = γ = 90°	Si 8b (0.000, −0.500, 0.000) Si 16c (0.625, 0.125, 0.625) N 32e (0.382, −0.118, 0.382)	−2.294

续表

space group	pressure/GPa	lattice parameters	atomic coordinates (fractional)	ΔH/eV
$P2_1/c$	200	a = 2.843 Å, b = 9.478 Å, c =5.379 Å $\alpha = \gamma$ = 90°, β =124.3°	Si 4e (−0.554, 0.151, −0.063) Si 2d (−0.500, 0.500, 0.000) N 4e (−0.706, 0.686, −0.204) N 4e (0.730, 0.458, 0.751)	−2.665

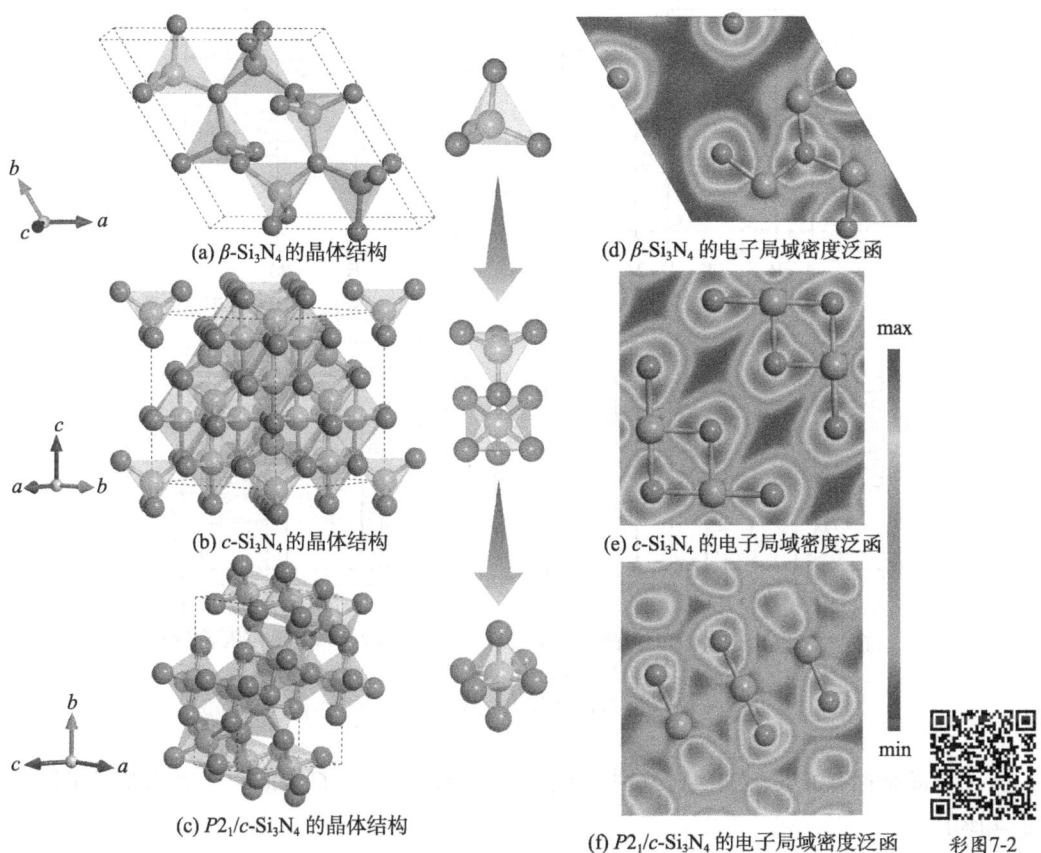

(a) β-Si$_3$N$_4$ 的晶体结构
(b) c-Si$_3$N$_4$ 的晶体结构
(c) $P2_1/c$-Si$_3$N$_4$ 的晶体结构
(d) β-Si$_3$N$_4$ 的电子局域密度泛函
(e) c-Si$_3$N$_4$ 的电子局域密度泛函
(f) $P2_1/c$-Si$_3$N$_4$ 的电子局域密度泛函

彩图7-2

图 7-2　Si$_3$N$_4$ 的晶体结构和电子局域密度泛函

7.3.2　高压下 Si$_3$N$_4$ 的动力学和力学稳定性

为了验证 Si$_3$N$_4$ 的动力学稳定性，我们计算了它们的声子谱，结果如图 7-3 所示。声子谱的计算结果显示，在整个布里渊区的范围内，β-Si$_3$N$_4$、c-Si$_3$N$_4$ 和 $P2_1/c$-Si$_3$N$_4$ 在零压和给定压力下的声子振动模式都在零以上，即它们的值都是有限的实数。这意味着这些结构的声子谱中都没有出现虚频，证实了它们的动力学稳定性。为了进一步评估 Si$_3$N$_4$ 的相变结构的力学稳定性，我们通过应变-应力方法计算了它们的弹性常数，结果见表7-3。利用计算得到的弹性常数结合力学稳定性判据，我们发现 β-Si$_3$N$_4$、c-Si$_3$N$_4$ 和 $P2_1/c$-Si$_3$N$_4$ 均满足力学稳定性判据，是力学稳定的。Si$_3$N$_4$ 的 β-Si$_3$N$_4$、c-Si$_3$N$_4$ 和 $P2_1/c$-Si$_3$N$_4$ 3 种结构分别属于六角晶系、立方晶系和单斜晶系，其力学稳定性判据总结如下。

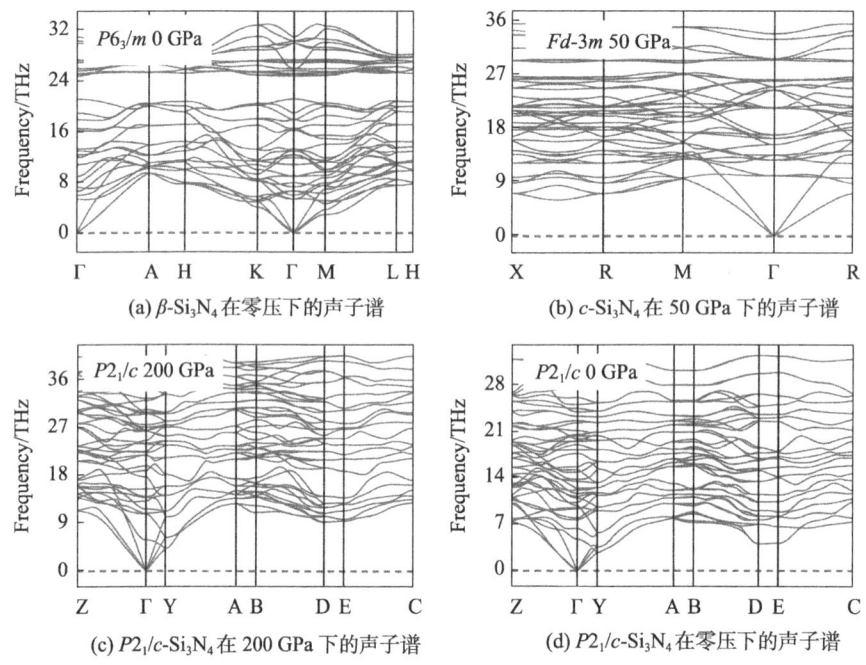

(a) β-Si$_3$N$_4$ 在零压下的声子谱
(b) c-Si$_3$N$_4$ 在 50 GPa 下的声子谱
(c) $P2_1/c$-Si$_3$N$_4$ 在 200 GPa 下的声子谱
(d) $P2_1/c$-Si$_3$N$_4$ 在零压下的声子谱

图 7-3　Si$_3$N$_4$ 的声子谱

六角晶系拥有 6 个独立项，分别为 C_{11}、C_{33}、C_{44}、C_{66}、C_{12} 和 C_{13}。其力学稳定性判据为[263]

$$(C_{11}-|C_{12}|)>0,\ C_{44}>0,\ [(C_{11}+C_{12})C_{33}-2C_{13}^2]>0$$

立方晶系拥有 3 个独立项，分别为 C_{11}、C_{44} 和 C_{12}。其力学稳定性判据为[316]

$$C_{11}>0,\ C_{44}>0,\ C_{11}>|C_{12}|,\ (C_{11}+2C_{12})>0$$

单斜晶体拥有 C_{11}、C_{22}、C_{33}、C_{44}、C_{55}、C_{66}、C_{12}、C_{13}、C_{23}、C_{15}、C_{25}、C_{35} 和 C_{46} 13 个独立项。力学稳定性判据为[173]

$$C_{11}>0, C_{22}>0, C_{33}>0, C_{44}>0, C_{55}>0, C_{66}>0,$$
$$(C_{22}+C_{33}-2C_{23})>0,\ (C_{33}C_{55}-C_{35}^2)>0,\ (C_{44}C_{66}-C_{46}^2)>0,$$
$$[C_{11}+C_{22}+C_{33}+2(C_{12}+C_{13}+C_{23})]>0,$$
$$[C_{22}(C_{33}C_{55}-C_{35}^2)+2C_{23}C_{25}C_{35}-C_{23}^2C_{55}-C_{25}^2C_{33}]>0,$$

$$\{2[C_{15}C_{25}(C_{33}C_{12}-C_{13}C_{23})+C_{15}C_{35}(C_{22}C_{13}-C_{12}C_{23})+C_{25}C_{35}(C_{11}C_{23}-C_{12}C_{13})]-$$
$$[C_{15}^2(C_{22}C_{33}-C_{23}^2)+C_{25}^2(C_{11}C_{33}-C_{13}^2)+C_{35}^2(C_{11}C_{22}-C_{12}^2)]+C_{55}g\}>0$$

表 7-3　不同压力下 Si_3N_4 的弹性常数、体弹模量、剪切模量、杨氏模量、泊松比及硬度

独立项	β-Si_3N_4			c-Si_3N_4			$P2_1/c$-Si_3N_4		
	pressure/GPa								
	0			0			50	0	200
	Pres.	Expt.[7-8]	Theor.[9-10]	Pres.	Expt.[11]	Theor.[10-12]	Pres.	Pres.	Pres.
C_{11}	402.4	343	413.8	511.8		512.1	703.4	667.8	1568.8
C_{22}								435.2	1565.8
C_{33}	525.0	600	530.8					573.6	1504.6
C_{44}	98.5	124	96.9	327.3		330.9	395.0	112.3	343.5
C_{55}								122.7	581.7
C_{66}	108.5		114.9					181.6	577.2
C_{12}	185.4	136	183.9	182.6		177.3	300.4	144.3	475.5
C_{13}	106.4	120	102.7					97.5	371.0
C_{23}								111.3	322.9
B	236.1		237.3	292.4		288.9	434.7	258.6	771.7
G	118.8		121.5	248.4		251.7	301.5	159.6	515.3
B/G	1.98		1.954	1.18		1.18	1.44	1.62	1.50
E	305.2		311.4	580.7		585.2	734.7	397.1	1264.4
v	0.29		0.281	0.17		0.162	0.22	0.24	0.23
H_v	11.6	12.7	20.4	38.2	35.31	30	33.4	18.9	44.6

注：弹性常数单位为 GPa，体弹模量单位为 GPa，剪切模量单位为 GPa，杨氏模量单位为 GPa，硬度单位为 GPa。

利用计算得到的弹性常数，我们根据 Voigt-Reuss-Hill（VRH）近似方法进一步计算了 Si_3N_4 的力学性质，如体积模量 B、剪切模量 G、杨氏模量 E 和泊松比 v 等。其中，B 是描述物质在体积变化时的抗压性能的物理量，G 是描述物质在剪切时的刚度的物理量，E 是描述物质在拉伸或压缩时的刚度的物理量。在常压下，β-Si_3N_4、c-Si_3N_4 和 $P2_1/c$-Si_3N_4 的体积模量的值分别为 236.1 GPa、292.4 GPa 和 258.6 GPa，都大于立方碳化硅（225 GPa）[314]，表明 Si_3N_4 的这 3 种晶体结构都具有良好的抗压性能。c-Si_3N_4 和 $P2_1/c$-Si_3N_4 的杨氏模量分别为 580.7 GPa 和 397.1 GPa，均大于 $\bar{I}43d$-Hf_3N_4（313 GPa）[317]，说明这两种结构均具有

很强的刚性。我们还发现 β-Si_3N_4、c-Si_3N_4 和 $P2_1/c$-Si_3N_4 在常压和给定压力下,均满足 $E>G>B$,说明这 3 种结构抗形变的能力比较差,易发生形变。相对于抗压缩能力而言,它们更具有抗张力的性能。根据计算得到的 B 值和 G 值,我们进一步计算了 Si_3N_4 的 B/G,来评估材料是延性还是脆性。当 B/G 小于 1.75 时,材料呈现易碎性;大于 1.75 时,材料呈现延展性。β-Si_3N_4 和 $P2_1/c$-Si_3N_4 在常压和给定压力下的 B/G 均大于 1.75,说明它们具有延展性。c-Si_3N_4 在常压下的 B/G 小于 1.75,呈现易碎性,随着压强的增大,其在 50 GPa 压强下呈现延展性。泊松比 ν 是表征材料中成键类型的重要参数,共价材料拥有较小的泊松比,其值小于 0.25。c-Si_3N_4 和 $P2_1/c$-Si_3N_4 在常压和给定压力下的 ν 值均小于 0.25,说明它们均是共价材料。

采用经验维氏硬度公式,我们计算了 Si_3N_4 的维氏硬度。常压下,β-Si_3N_4、c-Si_3N_4 的硬度值分别为 11.5 GPa 和 38.2 GPa,这与文献报道的硬度值吻合得很好,说明了我们计算结果的可靠性。$P2_1/c$-Si_3N_4 在常压下的硬度值为 18.9 GPa,接近 P-1-RuN_4 相的硬度值(18.11 GPa)和 NaCl-HfN 的硬度值(19.0 GPa),高于 GaN 的硬度值(15.10 GPa)[318-320]。在给定压力下,c-Si_3N_4 和 $P2_1/c$-Si_3N_4 的硬度值分别为 33.4 GPa 和 44.6 GPa,接近 $P4/mbm$-RuN_4(33.5 GPa)[319]和 $C2/m$-$B_{13}N_2$(37.3 GPa)[321]。综上所述,我们可以认定 $P2_1/c$-Si_3N_4 是一个具有广泛应用前景的硬质材料。

7.3.3 高压下 Si_3N_4 的电子性质

为了评估氮化硅的电子性质,我们首先分别采用 GGA 泛函计算了氮化硅的电子能带结构,如图 7-4 所示。GGA 泛函的计算结果显示,β-Si_3N_4、c-Si_3N_4 和 $P2_1/c$-Si_3N_4 的价带顶和导带底之间存在不同大小的能隙。它们都是半导体,带隙值分别为 4.24 eV、3.85 eV 和 4.47 eV。其中,β-Si_3N_4 的导带底位于 Γ 点,价带顶位于 Γ~A 之间,这与前人的计算结果几乎完全一致[322]。β-Si_3N_4 和 c-Si_3N_4 的带隙值均低于文献报道的带隙值 5.1 eV 和 4.8 eV,这是因为 GGA 泛函通常低估半导体的带隙,这在半导体应用第一性原理方法计算中是很常见的。我们进一步使用 HSE 杂化泛函[323]计算了氮化硅的电子能带结构。由图 7-4 得,HSE 杂化泛函计算的 β-Si_3N_4、c-Si_3N_4 和 $P2_1/c$-Si_3N_4 的带隙值分别为 5.7 eV、5.2 eV 和 6.0 eV,更接近文献报道的带隙的实验值[324-325]。对于这 3 种结构,价带的总态密度主要由 N 原子的 $2p$ 态组成。在 3 种晶体结构中,N 原子的 $2p$ 态和 Si 原子的 $3p$ 态之间都存在杂化,也就是它们之间存在着强共价键的特性。这一杂化作用不仅增强了 N 原子与 Si 原子之间的结合力，还有助于维持晶体结构的稳定性。为了对氮化硅的化学成键进行定量分析，我们计算了它们的电子局域密度泛函，结果如图 7-2 和图 7-4 所示。在氮化硅的 3 种结构中，N 原子与 Si 原子之间都存在着较强的电子局域现象，说明它们之间有较强的共价键。

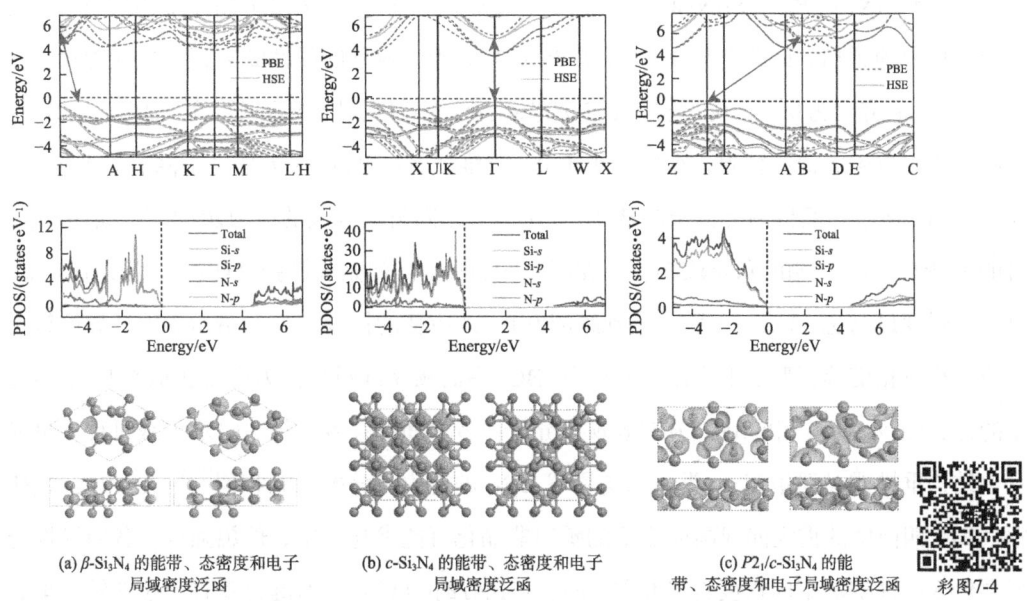

(a) β-Si_3N_4 的能带、态密度和电子局域密度泛函

(b) c-Si_3N_4 的能带、态密度和电子局域密度泛函

(c) $P2_1/c$-Si_3N_4 的能带、态密度和电子局域密度泛函

图 7-4　Si_3N_4 的能带、态密度和电子局域密度泛函

为了进一步理解这 3 种结构内部的成键特征，我们计算了它们的 Bader 电荷转移情况，见表 7-4，其中，δ 表示从 N 原子向 Si 原子转移的电荷量。从表中数据可以看出，在 3 种结构中，Si 原子都是作为电子供体将电子转移给 N 原子。在 β-Si_3N_4、c-Si_3N_4 和 $P2_1/c$-Si_3N_4 中，每个 N 原子从 Si 原子得到的电荷量分别为 2.24e、2.26e 和 2.38e。随着压力的增大，每个 N 原子从 Si 原子得到的电荷量不断增大，说明 Si_3N_4 化合物的共价性不断增强。

表 7-4　Si_3N_4 的 N 原子和 Si 原子的 Bader 电荷

phase	atom	charge value/e	δ/e
β-Si_3N_4	N	7.24	2.24
	Si	1.02	−2.98
c-Si_3N_4	N	7.26	2.26
	Si	0.99	−3.01
$P2_1/c$-Si_3N_4	N	7.38	2.38
	Si	0.88	−3.17

7.3.4 高压下 Si_3N_4 的拉伸强度

作为高温结构陶瓷的核心候选材料,氮化硅的力学行为因其多晶相结构的多样性而呈现显著差异,但各相微观机制与宏观性能的关联尚未完全解析。为此,本小节通过计算 β-Si_3N_4、c-Si_3N_4 和 $P2_1/c$-Si_3N_4 的拉伸应力-应变曲线(图 7-5)来揭示晶体结构对断裂模式与强度极限的影响。如图 7-5(a)所示,β-Si_3N_4 相表现出典型的脆性断裂特征,应力峰值强度达 57 GPa(应变为 0.22),随后骤降,与立方金刚石的共价键网络断裂行为一致[326]。c-Si_3N_4 相则展现出卓越的损伤容限,在应变小于 0.2 时维持 58 GPa 的应力强度,随后逐渐软化,如图 7-5(b)所示,其机制类似于层状 B_3N_5 中通过层间滑动实现的应力缓冲[326]。最引人注目的是 $P2_1/c$-Si_3N_4 相的双阶段响应,如图 7-5(c)所示。初始线性弹性阶段(应变小于 0.1 时应力强度最高达 52 GPa)后,出现跨越 0.1~0.3 应变的持续应力,暗示压力诱导的键重组或亚稳态相变等新型变形机制,与超硬 BC_3 中的顺序键断裂行为高度相似[327]。值得注意的是,$P2_1/c$-Si_3N_4 相的[001]方向表现出介于两者之间的强度特征,暗示加载过程中可能发生结构重排或局部相变。此类行为与层状 B_3N_5 的应力再分配机制相似[326]。在 $P2_1/c$-Si_3N_4 中,SiN_4 四面体的重定向或高应变下的瞬态非晶化可能参与其中,理想强度的各向异性与强共价 Si—N 键的定向密度直接相关。$P2_1/c$-Si_3N_4 的[100]方向因键合垂直于拉伸轴而承载

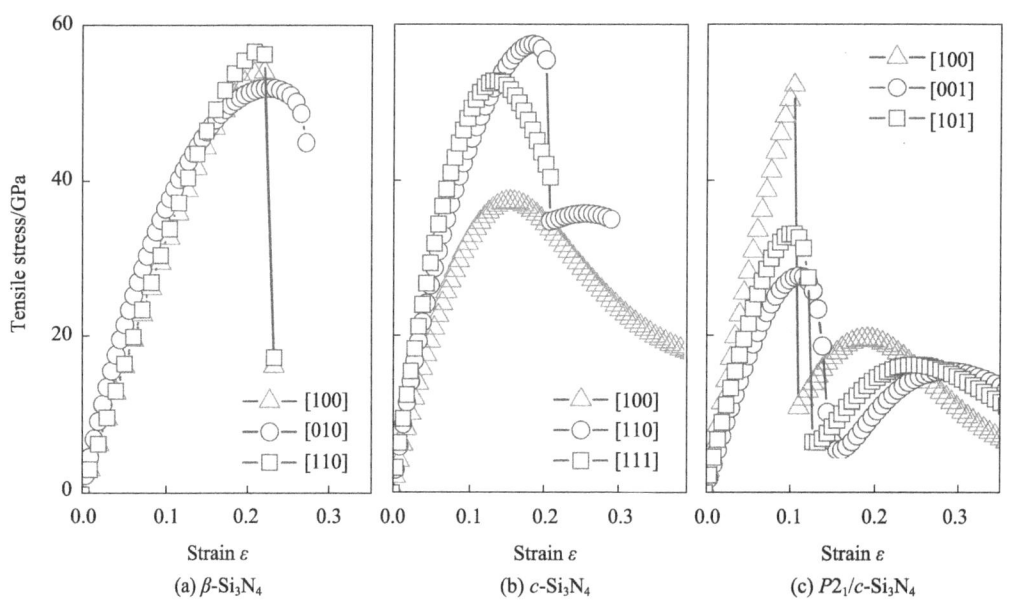

图 7-5 β-Si_3N_4、c-Si_3N_4 和 $P2_1/c$-Si_3N_4 在不同方向上的拉伸应力-应变关系

能力最大，而[101]方向的倾斜键合引入剪切分量，削弱了其抗拉能力。这一规律与 AcB_8 中由各向异性键合网络主导的力学极限现象高度吻合[328]。研究结果凸显了 Si_3N_4 作为各向异性超硬材料设计的范例。其方向性键合与渐进失效机制的协同作用，为调控陶瓷材料的强度与损伤容限提供了新思路，对极端环境应用具有重要意义。未来工作需结合压力诱导相变与缺陷介导塑性研究，以进一步揭示其力学行为的原子尺度起源。

本 章 小 结

基于第一性原理计算结合粒子群优化算法，我们研究了 Si_3N_4 在 0~200 GPa 压强范围内的结构相变。计算结果显示，Si_3N_4 的基态结构为 β-Si_3N_4，随着压力的增大，在 11.7 GPa 处 β-Si_3N_4 相变为 c-Si_3N_4，这与文献报道的实验结果相符合。随着压力的继续增大，我们发现了一个新相，该相的空间群为 $P2_1/c$。在 144.6 GPa 处 c-Si_3N_4 会相变为 $P2_1/c$-Si_3N_4。形成焓、弹性常数和声子谱的计算结果显示，在零压和高压下它们都是稳定的。我们采用经验维氏硬度公式计算了 Si_3N_4 的硬度，并预测 c-Si_3N_4 是一个潜在的硬质材料。能带、态密度和电子局域密度泛函的计算结果表明它们都是半导体，且存在较强的共价键。Bader 电荷的计算结果显示在 Si_3N_4 的 3 种结构中，Si 原子都是作为电子供体将电子转移给 N 原子。随着压力的增大，Si_3N_4 的共价性不断增强。3 种晶体取向的拉伸应力-应变曲线揭示了其显著的力学各向异性，这为高温结构陶瓷的稳定性和变形机制提供了关键见解，为未来高压环境下 Si_3N_4 材料的潜在应用提供了理论指导。

第 8 章 总结与展望

8.1 总　　结

本书采用密度泛函理论结合 CALYPSO 晶体结构预测方法对 RhSi、Rh—Si 体系、Si_3B 及 Si_3N_4 的结构特点、稳定性、弹性性质、电子性质等物理性质进行了系统的研究，主要结论如下。

第一，本书利用粒子群优化算法的 CALYPSO 方法结合第一性原理计算，系统地研究了 Rh—Si 体系稳定结构的结构特点、热力学和动力学稳定性、弹性性质、电子性质及硬度。声子谱和弹性常数的计算表明凸包图上的铑硅化合物 Rh_2Si (*Pnma*)、Rh_5Si_3(*Pbam*)、RhSi(*Pnma*)、Rh_4Si_5($P2_1/m$)都是动力学和力学稳定的。这些结构的 B/G 均大于 1.75，这表明了它们具有延展性。电子性质的分析说明它们都具有金属性的特性，且存在强共价键。根据半经验方法计算的硬度结果显示，铑硅化合物的硬度随着 Si 含量的增加而增大。此外，Rh_4Si_5 ($P2_1/m$)拥有较大的剪切模量和杨氏模量，较小的 B/G 和泊松比 v，其硬度为 20.1 GPa，是一个硬质材料。

第二，本书基于密度泛函理论的第一性原理计算，研究了高压下 RhSi 的结构相变、弹性性质、电子性质和硬度。研究结果表明，在 5.59 GPa 压强下，RhSi 发生从 B31 相到 B20 相的结构相变。此外，弹性常数的计算结果表明，在给定压力范围内，B31 相和 B20 相都满足力学稳定性判据，是力学稳定的。且 B31 相和 B20 相的弹性常数、弹性模量及德拜温度都随压力的增大而增大。从电子态密度来看，零压下和高压下的 B31 相和 B20 相均具有金属性。利用半经验硬度模型得到的零压下 B31 相和 B20 相的硬度值分别为 19.0 GPa 和 14.8 GPa，这表明 RhSi 的 B31 相是一个潜在的硬质材料。

第三，本书采用晶体结构搜索算法结合第一性原理计算方法，研究了镍硅化合物在 0~350 GPa 压强范围内的晶体结构。研究发现了两种高镍含量的镍硅化合物，分别为 Ni_5Si

和 Ni_6Si。它们均具有 12 配位的镍—硅键，并在地核条件下表现出很强的化学稳定性。通过对这些化合物的键合性质分析，我们发现镍原子在这些化合物中表现出氧化特性，并充当电子受体。这种反常现象是由于镍的 $3d$ 态与硅的 $3p$ 态之间的能量移动，导致电子从硅转移到镍。我们进一步研究了 Ni_5Si 和 Ni_6Si 化合物的关键物理性质，如密度和声速等，结果表明其密度符合地球内核的密度范围，声速也与地震数据一致。以上的研究结果表明，这两种化合物可能是地核成分的候选材料。我们的发现为深入理解地球内部结构以及地球物理和地球化学过程提供了新的参考依据。

第四，本书使用 CALYPSO 晶体结构预测方法结合密度泛函理论的第一性原理计算，系统地搜索了在 0~200 GPa 压强范围内可能存在的稳定结构。我们发现 Si_3B 的 3 个高压相，其空间群分别为 $P3_121$、$C2/m$ 和 $P2_1/m$。计算结果显示，Si_3B 的基态结构为 $P3_121$，随着压力的增大，在压强为 30 GPa 时 Si_3B 相变为 $C2/m$ 相，接着在 64 GPa 时相变为 $P2_1/m$ 结构。形成焓、弹性常数和声子谱的计算结果显示，高压下它们都是稳定存在的。从能带、态密度和电子局域密度泛函的计算结果来看，它们都具有金属性且存在较强的共价键。能带的计算结果还表明高压下 $C2/m$ 结构和 $P2_1/m$ 结构具有超导电性。在屏蔽库伦赝势 μ^* 取值为 0.10 时，50 GPa 下 $C2/m$ 的超导临界温度为 3.64 K，100 GPa 下 $P2_1/m$ 的超导临界温度为 5.69 K。此外，我们分别用高发明、李克艳和 Šimůnek 3 种硬度模型计算了 Si_3B 的 $C2/m$ 相和 $P2_1/m$ 相的硬度，结果显示 Si_3B 的 $P2_1/m$ 相是一个潜在的硬质材料。

第五，基于 CALYPSO 晶体结构预测方法结合第一性原理计算，本书系统地研究了 Si_3N_4 在 0~200 GPa 压强范围内的结构特点、稳定性、力学性质、电子性质和光学性质。在低压条件下，我们再现了实验中已得到过的两种晶体结构，分别是 β-Si_3N_4 和 c-Si_3N_4。此外，我们还发现了另外一种新的高压结构 $P2_1/c$-Si_3N_4。形成焓的计算结果表明 Si_3N_4 在 0~200 GPa 范围内的相变顺序为 β-$Si_3N_4 \rightarrow c$-$Si_3N_4 \rightarrow P2_1/c$，对应的相变压强分别为 11.7 GPa 和 144.6 GPa。形成焓、弹性常数和声子谱的计算结果表明 β-Si_3N_4、c-Si_3N_4 和 $P2_1/c$-Si_3N_4 在零压和给定压力下都是热力学、力学和动力学稳定的。电子性质的计算结果显示它们都是半导体，且 N 原子与 Si 原子之间有较强的共价键。采用经验维氏硬度公式，我们计算了 Si_3N_4 的硬度，结果表明 $P2_1/c$-Si_3N_4 是一个具有广泛应用前景的硬质材料。该研究不仅深化了我们对 Si_3N_4 在压力诱导下结构演变规律的认识，而且为未来高压环境下 Si_3N_4 材料的潜在应用提供了坚实的理论基础与前瞻性的指导。

我们希望本书的研究能够激励更多研究者进一步探索这些有重要技术应用的化合物，为探索它们的实际应用提供一定的理论指导。

8.2 展 望

经过这几年的研究探索,作者已对晶体领域的研究有了一个整体的认识。目前,作者已经熟练掌握了晶体的研究方法,包括计算晶体的结构相变、判断其热力学和动力学稳定性,分析其电子性质,评估其硬度和超导电性等。在之前的研究中,作者致力于寻找各种新型功能材料,但是由于自身水平和计算条件等限制,存在的不足之处还有待在后续工作中改进。今后的工作主要将从以下几个方面开展。

(1)寻找新型超导材料

2014 年,吉林大学崔田教授领导的团队通过第一性原理研究发现,高压下可以产生常规条件下难以产生的新型的硫氢化合物 H_3S,其在 110 万大气压下出现金属化,在 200 万大气压下的超导临界温度 T_c 高达 191~204 K。随后,德国马普所的科学家在实验中测量得高压下硫氢化合物的 203 K 超导临界温度,证实了以上的理论研究。基于以上的研究结果,未来研究工作应利用密度泛函理论结合第一性原理遗传演化算法开展一些轻元素氢化物的超导材料的研究,如氯化氢和溴化氢等可能具有超导特性的氢化物。

(2)寻找新的超硬材料

近年来,过渡金属与轻元素形成的化合物是新型超硬材料的研究热点,其中 ReB_2、IrB_2、RuB_2、IrN_2、PtN 和 WN 等已经相继被合成并鉴定为超硬材料。在此研究成果的基础上,未来研究工作应利用第一性原理计算结合 CALYPSO 晶体结构预测方法对过渡金属富硼化合物和过渡金属富氮化合物分别进行结构搜索,并使用根据高发明、李克艳和 Šimůnek 3 种硬度模型编写的硬度计算程序评估其是否为超硬材料。

另外,本书的计算都是在绝对零度下进行的模拟计算,考虑温度效应的影响可能会更好地促进理论计算和实验进行对接。未来研究工作应进行高温高压条件下的结构相变和高温声子谱的计算。相信在新型功能材料的探索过程中,加上温度效应会使研究更贴合实际。

参 考 文 献

[1] HEMLEY R J, MAO H K. Critical behavior in the hydrogen insulator-metal transition[J]. Science, 1990, 249(4967): 391-393.

[2] MCMILLAN P F. New materials from high-pressure experiments[J]. Nature Materials, 2002, 1(1): 19-25.

[3] GROCHALA W. Atypical compounds of gases, which have been called 'noble'[J]. Chemical Society Reviews, 2007, 36(10): 1632-1655.

[4] DUBROVINSKY L, DUBROVINSKAIA N, PRAKAPENKA V B, et al. Implementation of micro-ball nanodiamond anvils for high-pressure studies above 6 Mbar[J]. Nature Communications, 2012, 3: 1163.

[5] MUJICA A, RUBIO A, MUÑOZ A, et al. High-pressure phases of group-IV, III-V, and II-VI compounds[J]. Reviews of Modern Physics, 2003, 75(3): 863-912.

[6] SILVERA I F, DIAS R. Metallic hydrogen[J]. Journal of Physics: Condensed Matter, 2018, 30(25): 254003.

[7] DROZDOV A P, EREMETS M I, TROYAN I A, et al. Conventional superconductivity at 203 kelvin at high pressures in the sulfur hydride system[J]. Nature, 2015, 525(7567): 73-76.

[8] LIMELETTE P, WZIETEK P, FLORENS S, et al. Mott transition and transport crossovers in the organic compound kappa-(BEDT-TTF)$_2$Cu [N(CN)$_2$]Cl[J]. Physical Review Letters, 2003, 91(1): 016401.

[9] HAO S Y, SHENG H Y, LIU M, et al. Torsion strained iridium oxide for efficient acidic water oxidation in proton exchange membrane electrolyzers[J]. Nature Nanotechnology, 2021, 16(12): 1371-1377.

[10] JI H G, SOLÍS-FERNÁNDEZ P, YOSHIMURA D, et al. Chemically tuned p- and n-type WSe$_2$ monolayers with high carrier mobility for advanced electronics[J]. Advanced Materials, 2019, 31(42): e1903613.

[11] PRAKAPENKA V B, KUBO A, KUZNETSOV A, et al. Advanced flat top laser heating system for high pressure research at GSECARS: application to the melting behavior of germanium[J]. High Pressure Research, 2008, 28(3): 225-235.

[12] CIVARDI E, MORONI M, BABIJ M, et al. Superconductivity emerging from an electronic phase separation in the charge ordered phase of RbFe$_2$As$_2$[J]. Physical Review Letters, 2016, 117(21): 217001.

[13] LIU F C, YOU L, SEYLER K L, et al. Room-temperature ferroelectricity in CuInP2S6 ultrathin flakes[J]. Nature Communications, 2016, 7: 12357.

[14] TATENO S, HIROSE K, OHISHI Y, et al. The structure of iron in Earth's inner core[J]. Science, 2010, 330(6002): 359-361.

[15] GEGENWART P, SI Q M, STEGLICH F. Quantum criticality in heavy-fermion metals[J]. Nature Physics, 2008, 4(3): 186-197.

[16] DONG H F, OGANOV A R, ZHU Q, et al. The phase diagram and hardness of carbon nitrides[J]. Scientific Reports, 2015, 5: 9870.

[17] LIU B, LI X P, WU B, et al. Chiral superfluidity with P-wave symmetry from an interacting s-wave atomic Fermi gas[J]. Nature Communications, 2014, 5: 5064.

[18] NEHATE S D, SAIKUMAR A K, PRAKASH A, et al. A review of boron carbon nitride thin films and progress in nanomaterials[J]. Materials Today Advances, 2020, 8: 100106.

[19] HUANG Q, YU D L, XU B, et al. Nanotwinned diamond with unprecedented hardness and stability[J]. Nature, 2014, 510(7504): 250-253.

[20] PARISE J B. High pressure studies[J]. Reviews in Mineralogy and Geochemistry, 2006, 63(1): 205-231.

[21] DUBROVINSKAIA N, DUBROVINSKY L, SOLOPOVA N A, et al. Terapascal static pressure generation with ultrahigh yield strength nanodiamond[J]. Science Advances, 2016, 2(7): e1600341.

[22] MAO W L, MAO H K, MENG Y, et al. X-ray-induced dissociation of H$_2$O and formation of an O$_2$H2 alloy at high pressure[J]. Science, 2006, 314(5799): 636-638.

[23] MCMAHON J M, MORALES M A, PIERLEONI C, et al. The properties of hydrogen and helium under extreme conditions[J]. Reviews of Modern Physics, 2012, 84(4): 1607-1653.

[24] HUANG W J, MARTIN P, ZHUANG H L. Machine-learning phase prediction of high-entropy alloys[J]. Acta Materialia, 2019, 169: 225-236.

[25] PICKARD C J, NEEDS R J. *Ab initio* random structure searching[J]. Journal of Physics: Condensed Matter, 2011, 23(5): 053201.

[26] CAPLAN D S, ORLYANCHIK V, WEISSMAN M B, et al. Anomalous noise in the pseudogap regime of YBa$_2$Cu$_3$O$_{7-\delta}$[J]. Physical Review Letters, 2010, 104(17): 177001.

[27] HAMADA I. Van der Waals density functional made accurate[J]. Physical Review B, 2014, 89(12): 121103.

[28] BEHLER J, PARRINELLO M. Generalized neural-network representation of high-dimensional potential-energy surfaces[J]. Physical Review Letters, 2007, 98(14): 146401.

[29] ZHANG Y M, LIN S Y, ZOU M, et al. Prediction of superhard BN_2 with high energy density[J]. Chinese Physics Letters, 2021, 38(1): 018101.

[30] SHAO X C, LV J, LIU P, et al. A symmetry-orientated divide-and-conquer method for crystal structure prediction[J]. Journal of Chemical Physics, 2022, 156(1):014105.

[31] AHN C H, TRISCONE J M, MANNHART J. Electric field effect in correlated oxide systems[J]. Nature, 2003, 424(6952): 1015-1018.

[32] SOMAYAZULU M, AHART M, MISHRA A K, et al. Evidence for superconductivity above 260 K in lanthanum superhydride at megabar pressures[J]. Physical Review Letters, 2019, 122(2): 027001.

[33] MACKENZIE A P, HICKS C W. Negative pressure tuning[J]. Nature Materials, 2017, 16(7): 702-703.

[34] FARACO G, HOCHRAINER K, SEGARRA S G, et al. Publisher Correction: Dietary salt promotes cognitive impairment through tau phosphorylation[J]. Nature, 2020, 578(7793): E9.

[35] MCMINIS J, CLAY R C, LEE D, et al. Molecular to atomic phase transition in hydrogen under high pressure[J]. Physical Review Letters, 2015, 114(10): 105305.

[36] IZARD V, SANN C, SPELKE E S, et al. Newborn infants perceive abstract numbers[J]. Proceedings of the National Academy of Sciences of the United States of America, 2009, 106(25): 10382-10385.

[37] HUANG H Q, DUAN W H. Quasi-1D topological insulators[J]. Nature Materials, 2016, 15(2): 129-130.

[38] ZHANG P, MA L L, FAN F F, et al. Fracture toughness of graphene[J]. Nature Communications, 2014, 5: 3782.

[39] WILLA R, GESHKENBEIN V B, BLATTER G. Probing the pinning landscape in type-II superconductors *via* Campbell penetration depth[J]. Physical Review B, 2016, 93(6): 064515.

[40] MINUESA DINARES G, ALBANESE S K, CHOW A, et al. Small-molecule targeting of musashi RNA-binding activity in acute myeloid leukemia[J]. Blood, 2018, 132: 428.

[41] OUYANG P, ZHU S Q, CHENG L, et al. Moiré Carbon: Prediction of a series of carbon allotropes with intrinsic Moiré superlattice[J]. Materials Today Communications, 2023, 37: 107120.

[42] MARTORELL B, VOCADLO L, BRODHOLT J, et al. Strong premelting effect in the elastic properties of hcp-Fe under inner-core conditions[J]. Science, 2013, 342(6157): 466-468.

[43] MCCOLLUM D L, WILSON C, BEVIONE M, et al. Interaction of consumer preferences and climate policies in the global transition to low-carbon vehicles[J]. Nature Energy, 2018, 3(8): 664-673.

[44] ANDERSON P W. More is different[J]. Science, 1972, 177(4047): 393-396.

[45] MAIER T A, PRUSCHKE T, JARRELL M. Angle-resolved photoemission spectra of the Hubbard model[J]. Physical Review B, 2002, 66(7): 075102.

[46] PENG J, WANG J S, YI H C, et al. A dual-insertion type sodium-ion full cell based on high-quality ternary-metal Prussian blue analogs[J]. Advanced Energy Materials, 2018, 8(11): 1702856.

[47] SYNORADZKI K, SKOKOWSKI P, FRĄCKOWIAK Ł, et al. Ferromagnetic $CeSi_{1.2}Ga_{0.8}$ alloy: Study on magnetocaloric and thermoelectric properties[J]. Journal of Magnetism and Magnetic Materials, 2022, 547:168833.

[48] CHANG C Z, ZHANG J S, FENG X, et al. Experimental observation of the quantum anomalous Hall effect in a magnetic topological insulator[J]. Science, 2013, 340(6129): 167-170.

[49] WANG P R, LIU F Q, WANG H, et al. A review of third generation SiC fibers and SiC_f/SiC composites[J]. Journal of Materials Science & Technology, 2019, 35(12): 2743-2750.

[50] LI C, WU Y Y, LI H, et al. Morphological evolution and growth mechanism of primary Mg_2Si phase in Al-Mg_2Si alloys[J]. Acta Materialia, 2011, 59(3): 1058-1067.

[51] ZHU L, QIU F, ZOU Q, et al. Multiscale design of α-Al, eutectic silicon and Mg_2Si phases in Al-Si-Mg alloy manipulated by *in situ* nanosized crystals[J]. Materials Science and Engineering: A, 2021, 802: 140627.

[52] HUANG Z L, WANG K, ZHANG Z M, et al. Effects of Mg content on primary Mg_2Si phase in hypereutectic Al-Si alloys[J]. Transactions of Nonferrous Metals Society of China, 2015, 25(10): 3197-3203.

[53] ZHU H, ZHAO J Y, XIAO C. Improved thermoelectric performance in n-type BiTe facilitated by defect engineering[J]. Rare Metals, 2021, 40(10): 2829-2837.

[54] MEANG E J, SHIN Y J, PARK K H, et al. Scalable synthesis and enhanced thermoelectric properties of Cu-doped and Se-substituted Bi_2Te_3-based materials *via* high-pressure sintering[J]. Materials Today Communications, 2025, 43: 111830.

[55] ELMELOUKY A, NJEMA G G, KIBET J K. Advancements in device modelling and impedance analysis of a high performance disilicide ($FeSi_2$)-based perovskite solar cell[J]. Renewable Energy, 2025, 242: 122365.

[56] CAO X, DONG S J, HUANG Y, et al. Performance of thermal/environmental barrier coatings based on high-melting-point $ZrSi_2$ and $TaSi2$-Ta_2O_5 bond Coats[J]. Surface and Coatings Technology, 2025, 501: 131910.

[57] NAGAOSA N, SINOVA J, ONODA S, et al. Anomalous Hall effect[J]. Reviews of Modern Physics, 2010, 82(2): 1539-1592.

[58] CHEN C, ZHEN Q, LI R, et al. Pressureless sintering of HfC-HfB2-SiC-$HfSi_2$ ceramics and their ultra high-temperature ablation resistance[J]. Ceramics International, 2024, 50(20): 37525-37532.

[59] CHANGDAR S, ASWARTHAM S, BOSE A, et al. Electronic structure studies of FeSi: a chiral topological system[J]. Physical Review B, 2020, 101(23): 235105.

[60] DARONE G M, HMIEL B, ZHANG J L, et al. Rare-earth metal gallium silicides *via* the gallium self-flux method. Synthesis, crystal structures, and magnetic properties of RE(Ga_{1-x} $Si_x)_2$ (RE=Y, La-Nd, Sm, Gd-Yb, Lu)[J]. Journal of Solid State Chemistry, 2013, 201: 191-203.

[61] TSAKIROPOULOS P. On the alloying and properties of tetragonal Nb_5Si3 in Nb-silicide based alloys[J]. Materials, 2018, 11(1): 69.

[62] LEMBERG J A, RITCHIE R O. Mo-Si-B alloys for ultrahigh-temperature structural applications[J]. Advanced Materials, 2012, 24(26): 3445-3480.

[63] SHI R C, LI Q Z, XU X F, et al. Atomic-scale observation of localized phonons at $FeSe/SrTiO_3$ interface[J]. Nature Communications, 2024, 15(1): 3418.

[64] LI T, ZHANG Y L, LI J C, et al. Improved mechanical strength and oxidation resistance of SiC/SiC-$MoSi2$-ZrB_2 coated C/C composites by a novel strategy[J]. Corrosion Science, 2022, 205: 110419.

[65] WANG W J, ZHOU X X, BIAN Y J, et al. Dual-targeting nanoparticle vaccine elicits a therapeutic antibody response against chronic hepatitis B[J]. Nature Nanotechnology, 2020, 15(5): 406-416.

[66] GRAF T, FELSER C, PARKIN S S P. Simple rules for the understanding of heusler compounds[J]. Progress in Solid State Chemistry, 2011, 39(1): 1-50.

[67] MATUSIAK M, COOPER J R, KACZOROWSKI D. Thermoelectric quantum oscillations in ZrSiS[J]. Nature Communications, 2017, 8: 15219.

[68] HOHENBERG P, KOHN W. Inhomogeneous electron gas[J]. Physical Review, 1964, 136(3B): B864-B871.

[69] BECKE A D. Density-functional exchange-energy approximation with correct asymptotic behavior[J]. Physical Review A, 1988, 38(6): 3098-3100.

[70] JONES R O, GUNNARSSON O. The density functional formalism, its applications and prospects[J]. Reviews of Modern Physics, 1989, 61(3): 689-746.

[71] KOHN W, SHAM L J. Self-consistent equations including exchange and correlation effects[J]. Physical Review, 1965, 140(4A): A1133-A1138.

[72] THOMAS L H. The calculation of atomic fields[J]. Mathematical Proceedings of the Cambridge Philosophical Society, 1927, 23(5): 542-548.

[73] FERMI E. Eine statistische Methode zur Bestimmung einiger Eigenschaften des Atoms und ihre Anwendung auf die Theorie des periodischen Systems der Elemente[J]. Zeitschrift Für Physik, 1928, 48(1): 73-79.

[74] MORSE P M. Edward uhler Condon, 1902-1974[J]. Reviews of Modern Physics, 1975, 47(1): 1-6.

[75] ROSENFELD Y, ASHCROFT N W. Theory of simple classical fluids: universality in the short-range structure[J]. Physical Review A, 1979, 20(3): 1208-1235.

[76] Parr R G. Density functional theory of atoms and molecules[C]//Horizons of Quantum Chemistry: Proceedings of the Third International Congress of Quantum Chemistry Held at Kyoto, Japan, October 29-November 3, 1979. Dordrecht: Springer Netherlands, 1989: 5-15.

[77] PERDEW J P, ZUNGER A. Self-interaction correction to density-functional approximations for many-electron systems[J]. Physical Review B, 1981, 23(10): 5048-5079.

[78] MARTIN R M. Electronic Structure[M]. Cambridge, UK: Cambridge University Press, 2004.

[79] PERDEW J P, WANG Y. Accurate and simple analytic representation of the electron-gas correlation energy[J]. Physical Review B, 1992, 45(23): 13244-13249.

[80] PERDEW J P, BURKE K, ERNZERHOF M. Generalized gradient approximation made simple[J]. Physical Review Letters, 1996, 77(18): 3865-3868.

[81] PHILLIPS J C, KLEINMAN L. New method for calculating wave functions in crystals and molecules[J]. Physical Review, 1959, 116(2): 287-294.

[82] TROULLIER N, MARTINS J L. Efficient pseudopotentials for plane-wave calculations[J]. Physical Review B, 1991, 43(3): 1993-2006.

[83] VANDERBILT D. Soft self-consistent pseudopotentials in a generalized eigenvalue formalism[J]. Physical Review B, 1990, 41(11): 7892-7895.

[84] BLÖCHL P E. Projector augmented-wave method[J]. Physical review B, 1994, 50(24): 17953.

[85] THIESSEN A, BEYREUTHER E, GRAFSTRÖM S, et al. The Mn^{2+}/Mn^{3+} state of $La_{0.7}Ce_{0.3}MnO_3$ by oxygen reduction and photodoping[J]. Journal of Physics: Condensed Matter, 2014, 26(4): 045502.

[86] PINSKER R I. Whistlers, helicons, and lower hybrid waves: The physics of radio frequency wave propagation and absorption for current drive *via* Landau damping[J]. Physics of Plasmas, 2015, 22(9): 090901.

[87] JADAUN P, REGISTER L F, BANERJEE S K. The microscopic origin of DMI in magnetic bilayers and prediction of giant DMI in new bilayers[J]. NPJ Computational Materials, 2020, 6: 88.

[88] THEURICH G, HILL N A. Self-consistent treatment of spin-orbit coupling in solids using relativistic fully separable *ab initio* pseudopotentials[J]. Physical Review B, 2001, 64(7): 073106.

[89] GIUSTINO F, LOUIE S G, COHEN M L. Electron-phonon renormalization of the direct band gap of diamond[J]. Physical Review Letters, 2010, 105(26): 265501.

[90] BORN M, HUANG K. Dynamical theory of crystal lattices[M].Oxford university press, 1996.

[91] MALDOVAN M. Sound and heat revolutions in phononics[J]. Nature, 2013, 503(7475): 209-217.

[92] TOGO A, TANAKA I. First principles phonon calculations in materials science[J]. Scripta Materialia, 2015, 108: 1-5.

[93] ALFÈ D. PHON: a program to calculate phonons using the small displacement method[J]. Computer Physics Communications, 2009, 180(12): 2622-2633.

[94] TOGO A. First-principles phonon calculations with phonopy and Phono3py[J]. Journal of the Physical Society of Japan, 2023, 92(1): 012001.

[95] HELLMAN O, ABRIKOSOV I A, SIMAK S I. Lattice dynamics of anharmonic solids from first principles[J]. Physical Review B, 2011, 84(18): 180301.

[96] TADANO T, TSUNEYUKI S. Self-consistent phonon calculations of lattice dynamical properties in cubic $SrTiO_3$ with first-principles anharmonic force constants[J]. Physical Review B, 2015, 92(5): 054301.

[97] ERREA I, CALANDRA M, MAURI F. Anharmonic free energies and phonon dispersions from the stochastic self-consistent harmonic approximation: Application to platinum and palladium hydrides[J]. Physical Review B, 2014, 89(6): 064302.

[98] KENNEDY J, EBERHART R. Particle swarm optimization[C]//Proceedings of ICNN'95-International Conference on Neural Networks. November 27-December 1, 1995, Perth, WA, Australia. IEEE, 1995: 1942-1948.

[99] SHI Y, EBERHART R. A modified particle swarm optimizer[C]//1998 IEEE International Conference on Evolutionary Computation Proceedings. IEEE World Congress on Computational Intelligence. May 4-9, 1998, Anchorage, AK, USA. IEEE, 1998: 69-73.

[100] LV J, WANG Y C, ZHU L, et al. Particle-swarm structure prediction on clusters[J]. Journal of Chemical Physics, 2012, 137(8): 084104.

[101] OGANOV A R, GLASS C W. Crystal structure prediction using *ab initio* evolutionary techniques: Principles and applications[J]. The Journal of Chemical Physics, 2006, 124(24): 244704.

[102] LYAKHOV A O, OGANOV A R, STOKES H T, et al. New developments in evolutionary structure prediction algorithm USPEX[J]. Computer Physics Communications, 2013, 184(4): 1172-1182.

[103] KRESSE G, FURTHMÜLLER J. Efficient iterative schemes for *ab initio* total-energy calculations using a plane-wave basis set[J]. Physical Review B, 1996, 54(16): 11169-11186.

[104] OGANOV A R, PICKARD C J, ZHU Q, et al. Structure prediction drives materials discovery[J]. Nature Reviews Materials, 2019, 4(5): 331-348.

[105] WANG H, WANG Y C, LV J, et al. CALYPSO structure prediction method and its wide application[J]. Computational Materials Science, 2016, 112: 406-415.

[106] WANG Y, LV J, LI Q, et al. CALYPSO method for structure prediction and its applications to materials discovery[J]. Handbook of Materials Modeling: Applications: Current and Emerging Materials, 2020: 2729-2756.

[107] WANG Y C, LV J, GAO P Y, et al. Crystal structure prediction *via* efficient sampling of the potential energy surface[J]. Accounts of Chemical Research, 2022, 55(15): 2068-2076.

[108] TONG Q C, LV J, GAO P Y, et al. The CALYPSO methodology for structure prediction[J]. Chinese Physics B, 2019, 28(10): 106105.

[109] NIU H Y, WANG J Q, CHEN X-Q, et al. Structure, bonding, and possible superhardness of CrB_4[J]. Physical Review B, 2012, 85(14): 144116.

[110] WANG H, ZHANG L F, HAN J Q, et al. DeePMD-kit: a deep learning package for many-body potential energy representation and molecular dynamics[J]. Computer Physics Communications, 2018, 228: 178-184.

[111] DROZDOV A P, KONG P P, MINKOV V S, et al. Superconductivity at 250 K in lanthanum hydride under high pressures[J]. Nature, 2019, 569(7757): 528-531.

[112] YAN H Y, WEI Z T, CHEN L, et al. A novel high-pressure polymorph of $TaSi_2$[J]. Results in Physics, 2020, 18: 103310.

[113] XU M L, SONG X Q, WANG H. Substrate and band bending effects on monolayer FeSe on $SrTiO_3$(001)[J]. Physical Chemistry Chemical Physics, 2017, 19(11): 7964-7970.

[114] CALLANAN J E, WEIR R D, WESTRUM E F Jr. Transition metal silicides and tellurides: crystal structure, heat capacities, and derived thermodynamic properties from absolute zero to 2200 K[J]. Pure and Applied Chemistry, 1997, 69(11): 2289-2294.

[115] TARASCON J M, DISALVO F J, EIBSCHUTZ M, et al. Preparation and chemical and physical properties of the new layered phases $Li_xTi_{1-y}M_yS_2$ with M = V, Cr, or Fe[J]. Physical Review B, 1983, 28(11): 6397.

[116] MATSUMOTO N, NAGARA H. *Ab initio* calculations for high-pressure phases of $Ar(H_2)_2$[J]. Journal of Physics: Condensed Matter, 2007, 19(36): 365237.

[117] JIANG L, ZHENG B, WU C S, et al. A review of Mo-Si intermetallic compounds as ultrahigh-temperature materials[J]. Processes, 2022, 10(9): 1772.

[118] CHAMPION F C, DAVY N, SEMAT H. Properties of matter, third edition[J]. Journal of the Electrochemical Society, 1960, 107(8): 206C.

[119] TAO X, XU X J, XU X Q, et al. Self-healing behavior in MoSi2/borosilicate glass composite[J]. Journal of the European Ceramic Society, 2017, 37(2): 871-875.

[120] VOITOVICH R F, PUGACH É A. Oxidation of refractory compounds[J]. Soviet Powder Metallurgy and Metal Ceramics, 1974, 13(1): 49-54.

[121] MAEDA Y. Semiconducting β-FeSi$_2$ towards optoelectronics and photonics[J]. Thin Solid Films, 2007, 515(22): 8118-8121.

[122] DAN A, SATPATI B, SATYAM P V, et al. Diodelike behavior in glass-metal nanocomposites[J]. Journal of Applied Physics, 2003, 93(8): 4794-4800.

[123] LV B Q, MUFF S, QIAN T, et al. Observation of Fermi-arc spin texture in TaAs[J]. Physical Review Letters, 2015, 115(21): 217601.

[124] WENG H M, LIANG Y Y, XU Q N, et al. Topological node-line semimetal in three-dimensional graphene networks[J]. Physical Review B, 2015, 92(4): 045108.

[125] MIGLIO L, TAVAZZA F, GARBELLI A, et al. Structure, bonding and stability of transition metal silicides: a real-space perspective by tight binding potentials[J]. MRS Online Proceedings Library, 1997, 491(1): 309-320.

[126] SCHNEIBEL J H, LIU C T, EASTON D S, et al. Microstructure and mechanical properties of Mo-Mo$_3$Si-Mo$_5$SiB$_2$ silicides[J]. Materials Science and Engineering: A, 1999, 261(1/2): 78-83.

[127] VARELA A, VALLET-REGÍ M, GONZÁLEZ-CALBET J M. Phase identification and superconductivity transitions in Sr-doped Pr$_{1.85}$Ce$_{0.15}$CuO$_{4+\delta}$[J]. Journal of Materials Research, 1997, 12(10): 2526-2532.

[128] MURARKA S P. Diffusion barriers in semiconductor devices/circuits[M]//Diffusion processes in advanced technological materials. William Andrew Publishing, 2005: 239-281.

[129] CHOY W C H, LI E H, WEISS B L. Electro-optic and electro-absorptive modulations of AlGaAs/GaAs quantum well using surface acoustic wave[J]. Journal of Applied Physics, 1998, 83(2): 858-866.

[130] LUCHINI B, SCIUTI V F, ANGÉLICO R A, et al. Thermal expansion mismatch inter-inclusion cracking in ceramic systems[J]. Ceramics International, 2016, 42(10): 12512-12515.

[131] KLINOV D, MAGONOV S. True molecular resolution in tapping-mode atomic force microscopy with high-resolution probes[J]. Applied Physics Letters, 2004, 84(14): 2697-2699.

[132] TRAVALY Y, SCHUHMACHER J, HOYAS A M, et al. Characterization of atomic layer deposited nanoscale structure on dense dielectric substrates by X-ray reflectivity[J]. Microelectronic Engineering, 2005, 82(3/4): 639-644.

[133] IVANOV V A, MOLODOV D A, SHVINDLERMAN L S, et al. Effect of "surface" triple junction on curved boundary motion in Al-bicrystals[J]. Acta Materialia, 2004, 52(4): 969-975.

[134] DUNKEL J. Rolling sound waves[J]. Nature Materials, 2018, 17(9): 759-760.

[135] LEONG Z, TAN T L. Robust cluster expansion of multicomponent systems using structured sparsity[J]. Physical Review B, 2019, 100(13): 134108.

[136] SCHWERDTFEGER J, NADGORNY E, KOUTSOS V, et al. Statistical heterogeneity of plastic deformation: an investigation based on surface profilometry[J]. Acta Materialia, 2010, 58(14): 4859-4870.

[137] LI Y L, LIN X, HU Y L, et al. Microstructure and fracture toughness of a Nb-Ti-Si-based *in situ* composite fabricated by laser-based directed energy deposition[J]. Composites Part B: Engineering, 2024, 278: 111427.

[138] ZHANG H, WANG Z, YANG H J, et al. A flow model in bulk metallic glasses[J]. Scripta Materialia, 2023, 222: 115047.

[139] XIE D G, WAN L, SHAN Z W. Hydrogen enhanced cracking *via* dynamic formation of grain boundary inside aluminium crystal[J]. Corrosion Science, 2021, 183: 109307.

[140] MRÁZEK J, VYTYKÁČOVÁ S, BURŠÍK J, et al. Sol-gel route to nanocrystalline $Eu_2Ti_2O_7$ films with tailored structural and optical properties[J]. Journal of the American Ceramic Society, 2019, 102(11): 6713-6723.

[141] CHIZH K V, ARAPKINA L V, DUBKOV V P, et al. PtSi/poly-Si structures for IR detectors: investigation of the formation processes and development of the method for their fabrication[J]. Optoelectronics, Instrumentation and Data Processing, 2022, 58(6): 616-625.

[142] LIN Y C, LU K C, WU W W, et al. Single crystalline PtSi nanowires, PtSi/Si/PtSi nanowire heterostructures, and nanodevices[J]. Nano Letters, 2008, 8(3): 913-918.

[143] ARMON N, GREENBERG E, EDRI E, et al. Laser-based printing: from liquids to microstructures[J]. Advanced Functional Materials, 2021, 31(13): 2008547.

[144] LU Z M, LIU G Q, WANG B F. Flow structure and heat transfer of electro-thermo-convection in a dielectric liquid layer[J]. Physics of Fluids, 2019, 31(6): 064103.

[145] MIAO L, LIU S Z, XU Y S, et al. Low energy band structure and symmetries of UTe$_2$ from angle-resolved photoemission spectroscopy[J]. Physical review letters, 2020, 124(7): 076401.

[146] SCHINDLER F, TSIRKIN S S, NEUPERT T, et al. Topological zero-dimensional defect and flux states in three-dimensional insulators[J]. Nature Communications, 2022, 13(1): 5791.

[147] ZHAO Y F, ZHANG R X, SUN Z T, et al. 3D quantum anomalous Hall effect in magnetic topological insulator trilayers of hundred-nanometer thickness[J]. Advanced Materials, 2024, 36(13): 2310249.

[148] ABDULHAMID M I, ABOONA B E, ADAM J, et al. Observation of the electromagnetic field effect *via* charge-dependent directed flow in heavy-ion collisions at the relativistic heavy ion collider[J]. Physical Review X, 2024, 14(1): 011028.

[149] ZHANG X-T, HU W-J, DAGOTTO E, et al. Fragility of the nematic spin liquid induced by diagonal couplings in the square-lattice SU(3) model[J]. Physical Review B, 2021, 104(19): 195135.

[150] AVILA V, YOON B, INGRACI NETO R R, et al. Reactive flash sintering of the complex oxide $Li_{0.5}La_{0.5}TiO_3$ starting from an amorphous precursor powder[J]. Scripta Materialia, 2020, 176: 78-82.

[151] CUI Y, TOKU Y, KIMURA Y, et al. The deformation mechanism in cold-welded gold nanowires due to dislocation emission[J]. Computational Materials Science, 2021, 188: 110214.

[152] RAO C Q, ZHANG T Z, LIU H C, et al. Double alkyl-alkyl bond construction across alkenes enabled by nickel electron-shuttle catalysis[J]. Nature Catalysis, 2023, 6(9): 847-857.

[153] MAROT L, SCHOCH R, STEINER R, et al. Rhodium and silicon system: II. Rhodium silicide formation[J]. Nanotechnology, 2010, 21(36): 365707.

[154] ENGSTRÖM I, KJÆR A, EDMAN P, et al. The crystal structures of Rh$_2$Si and Rh$_5$Si$_3$ with some notes on the Rh-Si system[J]. Acta Chemica Scandinavica, 1963, 17: 775-784.

[155] FINNIE L N, SEARCY A W. A new crystallographic modification of rhodium monosilicide[J]. Acta Crystallographica, 1959, 12(3): 260.

[156] NIRANJAN M K. First principles study of structural, electronic and elastic properties of cubic and orthorhombic RhSi[J]. Intermetallics, 2012, 26: 150-156.

[157] WANG Y C, LV J, ZHU L, et al. CALYPSO: a method for crystal structure prediction[J]. Computer Physics Communications, 2012, 183(10): 2063-2070.

[158] WANG Y C, MIAO M S, LV J, et al. An effective structure prediction method for layered materials based on 2D particle swarm optimization algorithm[J]. The Journal of Chemical Physics, 2012, 137(22): 224108.

[159] ZHU L, LIU H Y, PICKARD C J, et al. Reactions of xenon with iron and nickel are predicted in the Earth's inner core[J]. Nature Chemistry, 2014, 6(7): 644-648.

[160] LU S H, WANG Y C, LIU H Y, et al. Self-assembled ultrathin nanotubes on diamond (100) surface[J]. Nature Communications, 2014, 5: 3666.

[161] SEGALL M D, LINDAN P J D, PROBERT M J, et al. First-principles simulation: ideas, illustrations and the CASTEP code[J]. Journal of Physics Condensed Matter, 2002, 14(11): 2717-2744.

[162] MONKHORST H J, PACK J D. Special points for Brillouin-zone integrations[J]. Physical Review B, 1976, 13(12): 5188-5192.

[163] YIN M T, COHEN M L. Theory of lattice-dynamical properties of solids: application to Si and Ge[J]. Physical Review B, 1982, 26(6): 3259-3272.

[164] GHOSH G, VAN DE WALLE A, ASTA M. First-principles calculations of the structural and thermodynamic properties of bcc, FCC and hcp solid solutions in the Al-TM (TM=Ti, Zr and Hf) systems: a comparison of cluster expansion and supercell methods[J]. Acta Materialia, 2008, 56(13): 3202-3221.

[165] GÖRANSSON K, ENGSTRÖM I, NOLÄNG B. Structure refinements for some platinum metal monosilicides[J]. Journal of Alloys and Compounds, 1995, 219(1/2): 107-110.

[166] WANG J J, KUANG X Y, JIN Y Y, et al. Theoretical investigation on the structural phase transition, elastic properties and hardness of RhSi under high pressure[J]. Journal of Alloys and Compounds, 2014, 592: 42-47.

[167] REN Z Y, HOU R, GUO P, et al. A density functional theoretical investigation of $RhSi_n$(n=1~6) clusters[J]. Chinese Physics B, 2008, 17(6): 2116-2123.

[168] POIRIER J P. Introduction to the Physics of the Earth's Interior[M]. Cambridge University Press, 2000.

[169] LU C, KUANG X Y, WANG S J, et al. Theoretical investigation on the high-pressure structural transition and thermodynamic properties of cadmium oxide[J]. EPL (Europhysics Letters), 2010, 91(1): 16002.

[170] WU Z J, ZHAO E J, XIANG H P, et al. Crystal structures and elastic properties of superhard IrN$_2$ and IrN$_3$ from first principles[J]. Physical Review B, 2007, 76(5): 054115.

[171] DAI J H, SONG Y, LI W, et al. Influence of alloying elements Nb, Zr, Sn, and oxygen on structural stability and elastic properties of the Ti2448 alloy[J]. Physical Review B, 2014, 89: 014103.

[172] WATT J P. Hashin‐Shtrikman bounds on the effective elastic moduli of polycrystals with orthorhombic symmetry[J]. Journal of Applied Physics, 1979, 50(10): 6290-6295.

[173] WATT J P. Hashin‐Shtrikman bounds on the effective elastic moduli of polycrystals with monoclinic symmetry[J]. Journal of Applied Physics, 1980, 51(3): 1520-1524.

[174] FAN C Z, LI J, WANG L M. Phase transitions, mechanical properties and electronic structures of novel boron phases under high-pressure: a first-principles study[J]. Scientific Reports, 2014, 4: 6786.

[175] ZHONG M M, KUANG X Y, WANG Z H, et al. Phase stability, physical properties, and hardness of transition-metal diborides MB$_2$ (M=Tc, W, Re, and Os): first-principles investigations[J]. The Journal of Physical Chemistry C, 2013, 117(20): 10643-10652.

[176] GAO F M. Theoretical model of intrinsic hardness[J]. Physical Review B, 2006, 73(13): 132104.

[177] GAO F M. Theoretical model of hardness anisotropy in brittle materials[J]. Journal of Applied Physics, 2012, 112(2): 023506.

[178] CHEN X, LIANG C H. Transition metal silicides: fundamentals, preparation and catalytic applications[J]. Catalysis Science & Technology, 2019, 9(18): 4785-4820.

[179] PROTIK N H, KOZINSKY B. Electron-phonon drag enhancement of transport properties from a fully coupled *ab initio* Boltzmann formalism[J]. Physical Review B, 2020, 102(24): 245202.

[180] YOTH M, MAUPETIT-MÉHOUAS S, AKKOUCHE A, et al. Reactivation of a somatic errantivirus and germline invasion in Drosophila ovaries[J]. Nature Communications, 2023, 14(1): 6096.

[181] LI S, CHEN N J, ROHATGI A, et al. Nanotwin assisted reversible formation of low angle grain boundary upon reciprocating shear load[J]. Acta Materialia, 2022, 230: 117850.

[182] PLÖßL A, STENZEL H, TONG Q Y, et al. Covalent silicon bonding at room temperature in ultrahigh vacuum[J]. MRS Online Proceedings Library, 1997, 483(1): 141-146.

[183] SIM K H, LI Y C, LI C H, et al. Constitutive modeling of a fine-grained Ti_2AlNb-based alloy fabricated by mechanical alloying and subsequent spark plasma sintering[J]. Advanced Engineering Materials, 2021, 23(3): 2000987.

[184] LIU C-X, LIU D E, ZHANG F-C, et al. Protocol for reading out Majorana vortex qubits and testing non-abelian statistics[J]. Physical Review Applied, 2019, 12(5): 054035.

[185] JIN Z T, ISMAIL-BEIGI S. Bond-dependent slave-particle cluster theory based on density matrix expansion[J]. Physical Review B, 2023, 107(11): 115153.

[186] JABEGU T, LI N X, OKMI A, et al. Interfacial momentum matching for ohmic van der waals contact construction[J]. Advanced Electronic Materials, 2024: 2400397.

[187] PANG J Q, SHANG Z, ZHANG L, et al. High-temperature heat flux sensor based on composite ceramic thermal resistance layer[J]. IEEE Sensors Journal, 2025, PP(99): 1.

[188] TEMNOV V V, VAVASSORI P. All-optical polarization switching in ferroelectrics[J]. Nature Photonics, 2024, 18(6): 529-530.

[189] FOCSA A, SLAOUI A, PIHAN E, et al. Poly-Si films prepared by rapid thermal CVD on boron and phosphorus silicate glass coated ceramic substrates[J]. Thin Solid Films, 2006, 511: 404-410.

[190] LI Z H, SUN J, ZHANG X, et al. *In-situ* mullite whisker reinforced SiC porous ceramics with whiskers and bonding layers synchronously growing: Using CaF_2 as a temperature-controlled whisker formation switch[J]. Journal of the European Ceramic Society, 2024, 44(5): 3470-3478.

[191] DU W, AHMED Z, WANG Q, et al. Structures, properties, and applications of CNT-graphene heterostructures[J]. 2D Materials, 2019, 6(4): 042005.

[192] NASEER M N, SERRANO-SEVILLANO J, FEHSE M, et al. Silicon anodes in lithium-ion batteries: a deep dive into research trends and global collaborations[J]. Journal of Energy Storage, 2025, 111: 115334.

[193] KIM H. Atomic layer deposition of transition metals for silicide contact formation: Growth characteristics and silicidation[J]. Microelectronic Engineering, 2013, 106: 69-75.

[194] ZEINEDDINE Y, FRIEDMAN M A, BUETTMANN E G, et al. Genetic diversity modulates the physical and transcriptomic response of skeletal muscle to simulated microgravity in male mice[J]. NPJ Microgravity, 2023, 9: 86.

[195] PSARAS P A, THOMPSON R D, HERD S R, et al. Structure and growth kinetics of RhSi on single crystal, polycrystalline, and amorphous silicon substrates[J]. Journal of Applied Physics, 1984, 55(10): 3536-3543.

[196] PETERSSON S, ANDERSON R, BAGLIN J, et al. The thin-film formation of rhodium silicides[J]. Journal of Applied Physics, 1980, 51(1): 373-382.

[197] SCHELLENBERG L, JORDA J L, MULLER J. The rhodium-silicon phase diagram[J]. Journal of the Less Common Metals, 1985, 109(2): 261-274.

[198] ALTINTAS B. A comparative study on electronic and structural properties of transition metal monosilicides, CrSi(B20-type), RhSi(B20-type), RhSi(B31-type) and RhSi(B2-type)[J]. Journal of Physics and Chemistry of Solids, 2011, 72(11): 1325-1329.

[199] IMAI Y, WATANABE A. Electronic structures of platinum group elements silicides calculated by a first-principle pseudopotential method using plane-wave basis[J]. Journal of Alloys and Compounds, 2006, 417(1/2): 173-179.

[200] SUN J, WANG H T, HE J L, et al. *Ab initio* investigations of optical properties of the high-pressure phases of ZnO[J]. Physical Review B, 2005, 71(12): 125132.

[201] PAYNE M C, TETER M P, ALLAN D C, et al. Iterative minimization techniques for *ab initio* total-energy calculations: molecular dynamics and conjugate gradients[J]. Reviews of Modern Physics, 1992, 64(4): 1045-1097.

[202] BATCHELDER D N, SIMMONS R O. Lattice constants and thermal expansivities of silicon and of calcium fluoride between 6° and 322°K[J]. The Journal of Chemical Physics, 1964, 41(8): 2324-2329.

[203] OLSON G B. Designing a new material world[J]. Science, 2000, 288(5468):993-998.

[204] LU C, KUANG X Y, ZHU Q S. Characterization of the high-pressure structural transition and thermodynamic properties in sodium chloride: a computational investigation on the basis of the density functional theory[J]. The Journal of Physical Chemistry B, 2008, 112(44): 13898-13905.

[205] SCHLESINGER M E. The rh-si (rhodium-silicon) system[J]. Journal of Phase Equilibria, 1992, 13(1): 54-59.

[206] SCHUBERT K, BHAN S, BURKHARDT W, et al. Einige strukturelle ergebnisse an metallischen phasen (5)[J]. Naturwissenschaften, 1960, 47(13): 303.

[207] YARMOSHENKO Y M, SHAMIN S N, ELOKHINA L V, et al. Valence band spectra of 4d and 5d silicides[J]. Journal of Physics: Condensed Matter, 1997, 9(43): 9403-9414.

[208] VAN DER MAREL D, DAMASCELLI A, SCHULTE K, et al. Spin, charge, and bonding in transition metal mono-silicides[J]. Physica B: Condensed Matter, 1998, 244: 138-147.

[209] SUN X W, CHEN Q F, CHEN X R, et al. First-principles investigations of elastic stability and electronic structure of cubic platinum carbide under pressure[J]. Journal of Applied Physics, 2011, 110(10): 103507.

[210] WANG Z H, KUANG X Y, HUANG X F, et al. Pressure-induced structural transition and thermodynamic properties of NbN and effect of metallic bonding on its hardness[J]. EPL (Europhysics Letters), 2010, 92(5): 56002.

[211] GAO F M, HE J L, WU E D, et al. Hardness of covalent crystals[J]. Physical Review Letters, 2003, 91: 015502.

[212] USHIO M, HSIEH C H, MASUDA R, et al. Author Correction: Fluctuating interaction network and time-varying stability of a natural fish community[J]. Nature, 2022, 605(7911): E9.

[213] HIROSE K, WOOD B, VOČADLO L. Light elements in the earth's core[J]. Nature Reviews Earth & Environment, 2021, 2(9): 645-658.

[214] TANG K, MAKWANA M, CRASTER R V, et al. Observations of symmetry-induced topological mode steering in a reconfigurable elastic plate[J]. Physical Review B, 2020, 102(21): 214103.

[215] CHEN Y W, WU J, GOES S. Lesser Antilles slab reconstruction reveals lateral slab transport under the Caribbean since 50 Ma[J]. Earth and Planetary Science Letters, 2024, 627: 118561.

[216] KAMADA S, SUZUKI N, MAEDA F, et al. Electronic properties and compressional behavior of Fe-Si alloys at high pressure[J]. American Mineralogist, 2018, 103(12): 1959-1965.

[217] SZALAY J R, CLARK G, LIVADIOTIS G, et al. Closed fluxtubes and dispersive proton conics at Jupiter's polar cap[J]. Geophysical Research Letters, 2022, 49(9): e2022GL098741.

[218] MUKASA K, MATSUURA K, QIU M, et al. High-pressure phase diagrams of $FeSe_{1-x}Te_x$: correlation between suppressed nematicity and enhanced superconductivity[J]. Nature Communications, 2021, 12(1): 381.

[219] LORD O T, WALTER M J, DOBSON D P, et al. The FeSi phase diagram to 150 GPa[J]. Journal of Geophysical Research: Solid Earth, 2010, 115(B6): B06208.

[220] LIU T, JING Z C. Thermoelastic properties of B2-type FeSi under deep earth conditions: implications for the compositions of the ultralow-velocity zones and the inner core[J]. Journal of Geophysical Research: Solid Earth, 2024, 129(4): e2023JB028539.

[221] CHEN G, LI H, LIANG J. Thermodynamic Analysis of Preparation of Fe-Si/Fe3Si Intermetallic by Treating Valuable Elements in Red Mud with Molten Salt[C]//TMS Annual Meeting & Exhibition. Cham: Springer Nature Switzerland, 2024: 1529-1538.

[222] WANG C L, XIN Y, WANG X S, et al. Phase transition properties of ferroelectric superlattices with three alternative layers[J]. Physics Letters A, 2000, 268(1/2): 117-122.

[223] GEORG R B, HALLIDAY A N, SCHAUBLE E A, et al. Silicon in the earth's core[J]. Nature, 2007, 447(7148): 1102-1106.

[224] BIEDERMANN A R, PARÉS J M. Magnetic properties of ferrofluid change over time: implications for magnetic pore fabric studies[J]. Journal of Geophysical Research: Solid Earth, 2022, 127(10): e2022JB024587.

[225] DOU B Y, SUN Q D, WEI S H. Effects of co-doping in semiconductors: CdTe[J]. Physical Review B, 2021, 104(24): 245202.

[226] DARABI S, YANG C Y, LI Z R, et al. Polymer-based n-type yarn for organic thermoelectric textiles[J]. Advanced Electronic Materials, 2023, 9(4): 2201235.

[227] YOSHIZAWA S, SAGISAKA K, SAKATA H. Visualization of alternating triangular domains of charge density waves in 2H-NbSe$_2$ by scanning tunneling microscopy[J]. Physical Review Letters, 2024, 132(5): 056401.

[228] SAKAI T, OHTANI E, HIRAO N, et al. Stability field of the hcp-structure for Fe, Fe-Ni, and Fe-Ni-Si alloys up to 3 mbar[J]. Geophysical Research Letters, 2011, 38(9): L09302.

[229] PANDEY R K, MAITY G, PATHAK S, et al. New insights on Ni-Si system for microelectronics applications[J]. Microelectronic Engineering, 2022, 264: 111871.

[230] WU X, MOOKHERJEE M, GU T T, et al. Elasticity and anisotropy of iron-nickel phosphides at high pressures[J]. Geophysical Research Letters, 2011, 38(20): L20301.

[231] SEMBOSHI S, TAKEUCHI T, KANENO Y, et al. Thermal conductivity of Ni$_3$(Si, Ti) single-phase alloys[J]. Intermetallics, 2018, 92: 119-125.

[232] RAGHAVAN V. Fe-Ni-Si (iron-nickel-silicon)[J]. Journal of Phase Equilibria and Diffusion, 2008, 29(6): 527-528.

[233] NASH P, NASH A. The Ni−Si (nickel-silicon) system[J]. Bulletin of Alloy Phase Diagrams, 1987, 8(1): 6-14.

[234] WANG Y C, LV J, ZHU L, et al. Crystal structure prediction *via* particle-swarm optimization[J]. Physical Review B, 2010, 82(9): 094116.

[235] LV J, WANG Y C, ZHU L, et al. Predicted novel high-pressure phases of lithium[J]. Physical Review Letters, 2011, 106(1): 015503.

[236] LIU H Y, NAUMOV I I, GEBALLE Z M, et al. Dynamics and superconductivity in compressed lanthanum superhydride[J]. Physical Review B, 2018, 98(10): 100102.

[237] PERDEW J P, CHEVARY J A, VOSKO S H, et al. Atoms, molecules, solids, and surfaces: applications of the generalized gradient approximation for exchange and correlation[J]. Physical Review B, 1992, 46(11): 6671-6687.

[238] TOGO A, OBA F, TANAKA I. First-principles calculations of the ferroelastic transition between rutile-type and $CaCl_2$-typeSiO_2 at high pressures[J]. Physical Review B, 2008, 78(13): 134106.

[239] MAINTZ S, DERINGER V L, TCHOUGRÉEFF A L, et al. LOBSTER: a tool to extract chemical bonding from plane-wave based DFT[J]. Journal of Computational Chemistry, 2016, 37(11): 1030-1035.

[240] DERINGER V L, TCHOUGRÉEFF A L, DRONSKOWSKI R. Crystal orbital Hamilton population (COHP) analysis as projected from plane-wave basis sets[J]. The Journal of Physical Chemistry A, 2011, 115(21): 5461-5466.

[241] ERRANDONEA D, SANTAMARÍA-PÉREZ D, VEGAS A, et al. Structural stability of Fe_5Si_3 and Ni_2Si studied by high-pressure X-ray diffraction and ab initio total-energy calculations[J]. Physical Review B—Condensed Matter and Materials Physics, 2008, 77(9): 094113.

[242] NONG Z S, ZHU J C, CAO Y, et al. Stability and structure prediction of cubic phase in as cast high entropy alloys[J]. Materials Science and Technology, 2014, 30(3): 363-369.

[243] DE VRIES H. Rotatory power and other optical properties of certain liquid crystals[J]. Acta Crystallographica, 1951, 4(3): 219-226.

[244] ACKERBAUER S, KRENDELSBERGER N, WEITZER F, et al. The constitution of the ternary system Fe-Ni-Si[J]. Intermetallics, 2009, 17(6): 414-420.

[245] DZIEWONSKI A M, ANDERSON D L. Preliminary reference earth model[J]. Physics of the Earth and Planetary Interiors, 1981, 25(4): 297-356.

[246] MYLVAGANAM K, ZHANG L C. Effect of crystal orientation on the formation of bct-5 silicon[J]. Applied Physics A, 2015, 120(4): 1391-1398.

[247] SHCHENNIKOV V V, SHCHENNIKOV V V, STRELTSOV S V, et al. Thermoelectric power of different phases and states of silicon at high pressure[J]. Journal of Electronic Materials, 2013, 42(7): 2249-2256.

[248] HUANG H, YAN J W. New insights into phase transformations in single crystal silicon by controlled cyclic nanoindentation[J]. Scripta Materialia, 2015, 102: 35-38.

[249] MYLVAGANAM K, ZHANG L C. Effect of residual stresses on the stability of bct-5 silicon[J]. Computational Materials Science, 2014, 81: 10-14.

[250] ZHOU S, PI X D, NI Z Y, et al. Boron- and phosphorus-hyperdoped silicon nanocrystals[J]. Particle & Particle Systems Characterization, 2015, 32(2): 213-221.

[251] OVSYANNIKOV S V, GOU H Y, KARKIN A E, et al. Bulk silicon crystals with the high boron content, $Si_{1-x}B_x$: two semiconductors form an unusual metal[J]. Chemistry of Materials, 2014, 26(18): 5274-5281.

[252] BUSTARRET E, MARCENAT C, ACHATZ P, et al. Superconductivity in doped cubic silicon[J]. Nature, 2006, 444(7118): 465-468.

[253] BOURGEOIS E, BLASE X. Superconductivity in doped cubic silicon: an *ab initio* study[J]. Applied Physics Letters, 2007, 90(14): 142511.

[254] JONG U G, YU C J, KYE Y H, et al. First-principles study on structural, electronic, and optical properties of inorganic Ge-based halide perovskites[J]. Inorganic Chemistry, 2019, 58(7): 4134-4140.

[255] MARCENAT C, KAČMARČÍK J, PIQUEREL R, et al. Low-temperature transition to a superconducting phase in boron-doped silicon films grown on (001)-oriented silicon wafers[J]. Physical Review B, 2010, 81(2):020501.

[256] BHADURI A, KOCINIEWSKI T, FOSSARD F, et al. Optical and electrical properties of laser doped Si: B in the alloy range[J]. Applied Surface Science, 2012, 258(23): 9228-9232.

[257] GROCKOWIAK A, KLEIN T, BUSTARRET E, et al. Superconducting properties of laser annealed implanted Si: B epilayers[J]. Superconductor Science Technology, 2013, 26(4): 045009.

[258] GROCKOWIAK A, KLEIN T, CERCELLIER H, et al. Thickness dependence of the superconducting critical temperature in heavily doped Si: B epilayers[J]. Physical Review B, 2013, 88(6): 064508.

[259] WANG Y C, LIU H Y, LV J, et al. High pressure partially ionic phase of water ice[J]. Nature Communications, 2011, 2: 563.

[260] WANG X L, WANG Y C, MIAO M S, et al. Cagelike diamondoid nitrogen at high pressures[J]. Physical Review Letters, 2012, 109(17): 175502.

[261] GIANNOZZI P, BARONI S, BONINI N, et al. QUANTUM ESPRESSO: a modular and open-source software project for quantum simulations of materials[J]. Journal of Physics Condensed Matter, 2009, 21(39): 395502.

[262] LI P F, ZHOU R L, ZENG X C. Computational analysis of stable hard structures in the Ti-B system[J]. ACS Applied Materials & Interfaces, 2015, 7(28): 15607-15617.

[263] WATT J P, PESELNICK L. Clarification of the Hashin‐Shtrikman bounds on the effective elastic moduli of polycrystals with hexagonal, trigonal, and tetragonal symmetries[J]. Journal of Applied Physics, 1980, 51(3): 1525-1531.

[264] SAVIN A, JEPSEN O, FLAD J, et al. Electron localization in solid-state structures of the elements: the diamond structure[J]. Angewandte Chemie International Edition in English, 1992, 31(2): 187-188.

[265] LI K Y, WANG X T, ZHANG F F, et al. Electronegativity identification of novel superhard materials[J]. Physical Review Letters, 2008, 100(23): 235504.

[266] LYAKHOV A O, OGANOV A R. Evolutionary search for superhard materials: methodology and applications to forms of carbon and TiO_2[J]. Physical Review B, 2011, 84(9): 092103.

[267] ŠIMŮNEK A, VACKÁŘ J. Hardness of covalent and ionic crystals: first-principle calculations[J]. Physical Review Letters, 2006, 96(8): 085501.

[268] VSIM\RUNEK A. How to estimate hardness of crystals on a pocket calculator[J]. Physical Review B, 2007, 75(17): 172108.

[269] GAO F M. Hardness estimation of complex oxide materials[J]. Physical Review B, 2004, 69(9): 094113.

[270] GUO X, LI L, LIU Z, et al. Hardness of covalent compounds: Roles of metallic component and d valence electrons[J]. Journal of Applied Physics, 2008, 104(2).

[271] GILMAN J J. Why silicon is hard[J]. Science, 1993, 261(5127): 1436-1439.

[272] HE J L, WU E D, WANG H T, et al. Ionicities of boron-boron bonds in B_{12} icosahedra[J]. Physical Review Letters, 2005, 94: 015504.

[273] ALLEN P B, DYNES R C. Transition temperature of strong-coupled superconductors reanalyzed[J]. Physical Review B, 1975, 12(3): 905-922.

[274] MCMILLAN W L. Transition temperature of strong-coupled superconductors[J]. Physical Review, 1968, 167(2): 331-344.

[275] BARDEEN J, COOPER L N, SCHRIEFFER J R. Theory of superconductivity[J]. Physical Review, 1957, 108(5): 1175-1204.

[276] IVANOV D A. Investigation of the thermal shock resistance of ceramic materials by the sensitivity of their structure to the stress concentrator[J]. Novye Ogneupory (New Refractories), 2021(10): 39-45.

[277] WANG K, JIA J H, CHEN W, et al. Investigation of corrosion and wear properties of Si_3N_4-hBN ceramic composites in artificial seawater[J]. Tribology International, 2021, 164: 107235.

[278] WANG Z, LIU Y, ZOU B, et al. Mechanical properties and microstructure of Al_2O_3-SiCw ceramic tool material toughened by Si_3N_4 particles[J]. Ceramics International, 2020, 46(7): 8845-8852.

[279] HARDIE D, JACK K H. Crystal structures of silicon nitride[J]. Nature, 1957, 180(4581): 332-333.

[280] RUDDLESDEN S N, POPPER P. On the crystal structure of the nitrides of silicon and germanium[J]. Acta Crystallographica, 1958, 11(7): 465-468.

[281] GRÜN R. The crystal structure of β-Si_3N_4: structural and stability considerations between α- and β-Si_3N_4[J]. Acta Crystallographica Section B, 1979, 35(4): 800-804.

[282] ZERR A, MIEHE G, SERGHIOU G, et al. Synthesis of cubic silicon nitride[J]. Nature, 1999, 400(6742): 340-342.

[283] KATO K, INOUE Z, KIJIMA K, et al. Structural approach to the problem of oxygen content in alpha silicon nitride[J]. Journal of the American Ceramic Society, 1975, 58(3/4): 90-91.

[284] WANG Y J. Thermal equation of state of α silicon nitride[J]. The Journal of Physical Chemistry C, 2022, 126(29): 12238-12243.

[285] LANG H, SEKINE T, KOBAYASHI T, et al. Shock-induced phase transition of β-Si_3N_4 to c-Si_3N_4[J]. Phys. Rev. B, 2000, 62(17): 11412.

[286] ZHANG Y H, NAVROTSKY A, SEKINE T. Energetics of cubic Si_3N_4[J]. Journal of Materials Research, 2006, 21(1): 41-44.

[287] KROLL P. Pathways to metastable nitride structures[J]. Journal of Solid State Chemistry, 2003, 176(2): 530-537.

[288] YAMANAKA T, UCHIDA A, NAKAMOTO Y. Structural transition of post-spinel phases $CaMn_2O_4$, $CaFe_2O_4$, and $CaTi_2O_4$ under high pressures up to 80 GPa[J]. American Mineralogist, 2008, 93(11/12): 1874-1881.

[289] KROLL P, VON APPEN J. Post-spinel phases of silicon nitride[J]. Physica Status Solidi (b), 2001, 226(1): R6-R7.

[290] CUI L, HU M, WANG Q Q, et al. Prediction of novel hard phases of Si_3N_4: first-principles calculations[J]. Journal of Solid State Chemistry, 2015, 228: 20-26.

[291] WU Q H, HUO Z T, CHEN C, et al. Prediction of four Si_3N_4 compounds by first-principles calculations[J]. AIP Advances, 2023, 13(4): 045310.

[292] LIU A Y, COHEN M L. Structural properties and electronic structure of low-compressibility materials: $β-Si_3N_4$ and hypothetical $β-C_3N_4$[J]. Physical Review B, 1990, 41(15): 10727.

[293] YASHIMA M, ANDO Y, TABIRA Y. Crystal structure and electron density of α-silicon nitride: experimental and theoretical evidence for the covalent bonding and charge transfer[J]. The Journal of Physical Chemistry B, 2007, 111(14): 3609-3613.

[294] GIACOMAZZI L, UMARI P. First-principles investigation of electronic, structural, and vibrational properties of $a-Si_3N_4$[J]. Physical Review B—Condensed Matter and Materials Physics, 2009, 80(14): 144201.

[295] CAI Y, ZHANG L, ZENG Q, et al. First-principles study of vibrational and dielectric properties of $β-Si_3N_4$[J]. Physical Review B-Condensed Matter and Materials Physics, 2006, 74(17): 174301.

[296] FANG C M, DE WIJS G A, HINTZEN H T, et al. Phonon spectrum and thermal properties of cubic Si_3N_4 from first-principles calculations[J]. Journal of Applied Physics, 2003, 93(9): 5175-5180.

[297] KUWABARA A, MATSUNAGA K, TANAKA I. Lattice dynamics and thermodynamical properties of silicon nitride polymorphs[J]. Physical Review B, 2008, 78(6): 064104.

[298] JIANG J Z, LINDELOV H, GERWARD L, et al. Compressibility and thermal expansion of cubic silicon nitride[J]. Physical Review B, 2002, 65(16): 161202.

[299] ZERR A, KEMPF M, SCHWARZ M, et al. Elastic moduli and hardness of cubic silicon nitride[J]. Journal of the American Ceramic Society, 2002, 85(1): 86-90.

[300] HE H L, KOBAYASHI T, SEKINE T. Time-resolved measurement on ablative acceleration of foil plates driven by pulsed laser beam[J]. Review of Scientific Instruments, 2001, 72(4): 2032-2035.

[301] TOGO A, KROLL P. First-principles lattice dynamics calculations of the phase boundary between β-Si_3N_4 and γ-Si_3N_4 at elevated temperatures and pressures[J]. Journal of Computational Chemistry, 2008, 29(13): 2255-2259.

[302] YU B H, CHEN D. Phase transition characters and thermodynamics modeling of the newly-discovered wII- and post-spinel Si_3N_4 polymorphs: a first-principles investigation[J]. Acta Metallurgica Sinica (English Letters), 2013, 26(2): 131-136.

[303] YU B H, CHEN D. Phase transition character and thermodynamic modeling of the P6⁻ and P6⁻¹ hexagonal Si-N system supplemented by first-principles calculations[J]. Journal of alloys and compounds, 2013, 581: 747-752.

[304] YU B H, CHEN D. Investigations of meta-stable and post-spinel silicon nitrides[J]. Physica B: Condensed Matter, 2012, 407(24): 4660-4664.

[305] SHAO X C, LV J, LIU P, et al. A symmetry-orientated divide-and-conquer method for crystal structure prediction[J]. The Journal of Chemical Physics, 2022, 156(1): 014105.

[306] DUAN Q Z, SHEN J Y, ZHONG X, et al. Structural phase transition and superconductivity of ytterbium under high pressure[J]. Physical Review B, 2022, 105(21): 214503.

[307] SUN W G, CHEN B L, LI X F, et al. Ternary Na-P-H superconductor under high pressure[J]. Physical Review B, 2023, 107(21): 214511.

[308] Lu C, Cui C, Zuo J, et al. Monolayer $ThSi_2N_4$: An indirect-gap semiconductor with ultra-high carrier mobility[J]. Physical Review B, 2023, 108(20): 205427.

[309] DUAN Q Z, ZHAN L H, SHEN J Y, et al. Predicting superconductivity near 70 K in 1166-type boron-carbon clathrates at ambient pressure[J]. Physical Review B, 2024, 109(5): 054505.

[310] ZUO J N, ZHANG L L, CHEN B L, et al. Geometric and electronic structures of medium-sized boron clusters doped with plutonium[J]. Journal of Physics: Condensed Matter, 2024, 36(1): 015302.

[311] HILL R. The elastic behaviour of a crystalline aggregate[J]. Proceedings of the Physical Society A, 1952, 65(5): 349-354.

[312] PRIEST H F, BURNS F C, PRIEST G L, et al. Oxygen content of alpha silicon nitride[J]. Journal of the American Ceramic Society, 1973, 56(7): 395.

[313] SCHWARZ M, MIEHE G, ZERR A, et al. Spinel-Si_3N_4: multi-anvil press synthesis and structural refinement[J]. Advanced Materials, 2000, 12(12): 883-887.

[314] CHING W Y, OUYANG L, GALE J D. Full ab initio geometry optimization of all known crystalline phases of Si_3N_4[J]. Physical Review B, 2000, 61(13): 8696.

[315] EDWARDS A J, ELIAS D P, LINDLEY M W, et al. Oxygen content of reaction-bonded α-silicon nitride[J]. Journal of Materials Science, 1974, 9(3): 516-517.

[316] SOLOZHENKO V L, GREGORYANZ E. Synthesis of superhard materials[J]. Materials Today, 2005, 8(11): 44-51.

[317] LAMBRECHT W R, SEGALL B, METHFESSEL M, et al. Calculated elastic constants and deformation potentials of cubic SiC[J]. Physical Review B, 1991, 44(8): 3685-3694.

[318] ZHANG J, OGANOV A R, LI X F, et al. Pressure-stabilized hafnium nitrides and their properties[J]. Physical Review B, 2017, 95(2): 020103.

[319] DUAN J Y, ZHANG J Q, WANG M D, et al. High-pressure study on novel structure, mechanical properties and high energy density of RuN_4[J]. Molecular Physics, 2024, 122(13): 8696-8700.

[320] DRORY M D, AGER J W III, SUSKI T, et al. Hardness and fracture toughness of bulk single crystal gallium nitride[J]. Applied Physics Letters, 1996, 69(26): 4044-4046.

[321] WANG L Y, SUN R X, LIU W H, et al. Novel superhard boron-rich nitrides under pressure[J]. Science China Materials, 2020, 63(11): 2358-2364.

[322] YU B H, CHEN D. First-principles study on the electronic structure and phase transition of α-, β- and γ-Si_3N_4[J]. Acta Physica Sinica, 2012, 61(19): 197102-197102.

[323] KRUKAU A V, VYDROV O A, IZMAYLOV A F, et al. Influence of the exchange screening parameter on the performance of screened hybrid functionals[J]. The Journal of Chemical Physics, 2006, 125(22): 224106.

[324] DIMARIA D J, ARNETT P C. Hole injection into silicon nitride: interface barrier energies by internal photoemission[J]. Applied Physics Letters, 1975, 26(12): 711-713.

[325] BOYKO T D, HUNT A, ZERR A, et al. Electronic structure of spinel-type nitride compounds Si_3N_4, Ge_3N_4, and Sn_3N_4 with tunable band gaps: application to light emitting diodes[J]. Physical Review Letters, 2013, 111(9): 097402.

[326] ZHANG M, LIU H Y, LI Q, et al. Superhard BC_3 in cubic diamond structure[J]. Physical Review Letters, 2015, 114: 015502.

[327] LI Y W, HAO J, LIU H Y, et al. High-energy density and superhard nitrogen-rich B-N compounds[J]. Physical Review Letters, 2015, 115(10): 105502.

[328] JIANG X H, CHEN H Q, JIANG H W, et al. Exceptional hardness and superconductivity of sp^3-hybridized boron frameworks encapsulating actinium at ambient pressure[J]. Physical Review B, 2024, 110(22): 224520.